砂岩和碳酸盐岩储层低矿化度工程注水技术

[沙特阿拉伯] 沙拉比（Emad Walid Al Shalabi）
[美] 塞佩尔诺里（Kamy Sepehrnoori） 著

陈鹏羽 郭春秋 宋珩 史海东 邢玉忠 译

石油工业出版社

内 容 提 要

本书主要是对迄今为止在低矿化度工程注水领域所做的工作及其在砂岩和碳酸盐岩中的应用进行了全面的阐述，包括在砂岩和碳酸盐岩上进行的低矿化度工程注水的室内实验工作和油田现场的应用、基于地球化学基础理论的砂岩和碳酸盐岩不同的低矿化度工程注水的数学模型以及与地球化学组合建模的方法、低矿化度工程注水技术的不同应用等内容。

本书可供油气田开发专业的研究人员、从业人员和相关专业的高校师生参考使用。

图书在版编目（CIP）数据

砂岩和碳酸盐岩储层低矿化度工程注水技术／
（沙特阿拉伯）沙拉比，（美）塞佩尔诺里
（Kamy Sepehrnoori）著；陈鹏羽等译.— 北京：石油
工业出版社，2019.11
  ISBN 978-7-5183-3274-8

Ⅰ.①砂… Ⅱ.①沙… ②塞… ③陈… Ⅲ.①砂岩储
集层-注水（油气田）-油田开发-研究②碳酸盐岩油气藏
-注水（油气田）-油田开发-研究 Ⅳ.①TE343
②TE344

中国版本图书馆 CIP 数据核字（2019）第 054664 号

Low Salinity and Engineered Water Injection for Sandstone and Carbonate Reservoirs, 1st Edition
Emad Walid Al Shalabi, Kamy Sepehrnoori
ISBN:9780128136041
Copyright © 2017 Elsevier Inc. All rights reserved.
Authorized Chinese translation published by Petroleum Industry Press.
《砂岩和碳酸盐岩储层低矿化度工程注水技术》（陈鹏羽 郭春秋 宋 珩 史海东 邢玉忠 译）
ISBN：9787518332748
Copyright © Elsevier Inc. and Petroleum Industry Press. All rights reserved.
No part of this publication may be reproduced or transmitted in any form or by any means, electronic or mechanical, including photocopying, recording, or any information storage and retrieval system, without permission in writing from Elsevier. Details on how to seek permission, further information about the Elsevier's permissions policies and arrangements with organizations such as the Copyright Clearance Center and the Copyright Licensing Agency, can be found at our website：www.elsevier.com/permissions.
This book and the individual contributions contained in it are protected under copyright by Elsevier Inc. and Petroleum Industry Press (other than as may be noted herein).
This edition of Low Salinity and Engineered Water Injection for Sandstone and Carbonate Reservoirs, 1st Edition is published by Petroleum Industry Press under arrangement with ELSEVIER INC.
This edition is authorized for sale in China only, excluding Hong Kong, Macau and Taiwan. Unauthorized export of this edition is a violation of the Copyright Act. Violation of this Law is subject to Civil and Criminal Penalties.

本书由 ELSEVIER INC. 授权石油工业出版社在中国大陆地区（不包括香港、澳门以及台湾地区）出版发行。
本书仅限在中国大陆地区（不包括香港、澳门以及台湾地区）出版及标价销售。未经许可之出口，视为违反著作权法，将受民事及刑事法律之制裁。
本书封底贴有 Elsevier 防伪标签，无标签者不得销售。

注意

本书涉及领域的知识和实践标准在不断变化。新的研究和经验拓展我们的理解，因此须对研究方法、专业实践或医疗方法作出调整。从业者和研究人员必须始终依靠自身经验和知识来评估和使用本书中提到的所有信息、方法、化合物或本书中描述的实验。在使用这些信息或方法时，他们应注意自身和他人的安全，包括注意他们负有专业责任的当事人的安全。在法律允许的最大范围内，爱思唯尔、译文的原文作者、原文编辑及原文内容提供者均不对因产品责任、疏忽或其他人身或财产伤害及／或损失承担责任，亦不对由于使用或操作文中提到的方法、产品、说明或思想而导致的人身或财产伤害及／或损失承担责任。

北京市版权局著作权合同登记号：01-2019-7041

出版发行：石油工业出版社
　　　　　（北京安定门外安华里 2 区 1 号　100011）
　　　　　网　　址：www.petropub.com
　　　　　编辑部：（010）64523736
　　　　　图书营销中心：（010）64523633
经　　销：全国新华书店
印　　刷：北京中石油彩色印刷有限责任公司

2019 年 11 月第 1 版　2019 年 11 月第 1 次印刷
787×1092 毫米　开本：1/16　印张：6.75
字数：160 千字

定价：60.00 元
（如发现印装质量问题，我社图书营销中心负责调换）
版权所有，翻印必究

《砂岩和碳酸盐岩储层低矿化度工程注水技术》翻译组

主要翻译： 陈鹏羽　郭春秋　宋　珩　史海东　邢玉忠

参与翻译： 张立侠　李建新　张良杰　胡云鹏　吴学林

　　　　　　孔　炜　赵文琪　蒋凌志　李孔绸　孔祥文

　　　　　　张宏伟　赫英旭

前　言

　　注水技术是油田开发的重要方式，能及时有效补充地层能量，是确保油田稳产高产的必要措施。中国石油自1993年拓展海外业务以来，油气产量持续保持快速增长态势。主力砂岩和碳酸盐岩油田经过多年开发后，相继进入产量递减期，采用油田注水开发是较为经济可靠的稳产手段。目前针对油藏的注水开发调整主要围绕注采层系调整、井网调整、开采工艺调整（如分层注水）、工作制度调整（如注水方式）等方面开展工作，取得了一定的开发效果。但由于碳酸盐岩油藏储集空间类型多样、储层非均性强，导致其水驱开发效果比砂岩油田要差。因此，如何进一步改善注水开发效果成为碳酸盐岩油藏高效开发的攻关重点，为此我们特编译了此书。

　　本书由阿布扎比哈利法科技大学的 Emad Walid Al Shalabi 教授和美国得克萨斯州立大学奥斯汀分校的 Kamy Sepehrnoori 教授编著，全面阐述了在砂岩和碳酸盐岩油藏低矿化度工程注水领域所做的研究，包括提高采收率工艺介绍、低矿化度工程注水实验研究、低矿化度工程注水的现场应用、低矿化度工程注水对采收率的影响、低矿化度工程注水技术油藏建模研究、低矿化度工程注水地球化学研究、低矿化度工程注水配套技术应用、低矿化度工程注水适应性分析。

　　"十三五"期间，针对海外碳酸盐岩油气田开发设立了国家重大专项项目"丝绸之路经济带大型碳酸盐岩油气藏开发关键技术"，旨在全面提升中东和中亚地区碳酸盐岩油气田的整体开发技术水平，改善注入水水质提高采收率技术是其中一项主要的攻关方向。本书围绕低矿化度工程注水领域开展的研究对拓展专项研究思路、提升研究水平具有很好的借鉴作用。

　　本书由中国石油勘探开发研究院从事海外油气田开发的专家翻译完成，旨在为提高开发中后期砂岩和碳酸盐岩油藏有限合同期内的采收率提供借鉴。本书于2018年12月底完稿，参加编译工作的有郭春秋、宋珩、邢玉忠和陈鹏羽等。第1章由史海东、宋珩、胡云鹏完成，第2章由郭春秋、赫英旭、李建新完成，第3章由邢玉忠、张良杰、孔炜完成，第4章由陈鹏羽、吴学林、赵文琪完成，第5章由陈鹏羽、蒋凌志、李孔绸完成，第6章由程木伟、张宏伟、孔祥文完成，第7章至第9章由郭春秋、宋珩、邢玉忠、陈鹏羽完成，全书最后由陈鹏羽、郭春秋、宋珩统一审校。由于翻译人员的专业知识限制，书中难免存在不足和不当之处，欢迎广大专家、读者批评指正。

2019年10月

目 录

1 提高采收率工艺介绍 …………………………………………………………………… (1)
　　参考文献 …………………………………………………………………………………… (3)
2 低矿化度工程注水实验研究 …………………………………………………………… (4)
　2.1 针对砂岩的 LSWI/EWI 实验研究 ………………………………………………… (4)
　2.2 针对碳酸盐岩的 LSWI/EWI 实验研究 …………………………………………… (5)
　　2.2.1 自发渗吸试验 …………………………………………………………………… (5)
　　2.2.2 岩心驱替实验 …………………………………………………………………… (7)
　　参考文献 …………………………………………………………………………………… (9)
3 低矿化度工程注水的现场应用 ………………………………………………………… (12)
　3.1 LSWI/EWI 在砂岩中的现场应用 ………………………………………………… (12)
　3.2 LSWI/EWI 在碳酸盐岩中的现场应用 …………………………………………… (14)
　　参考文献 …………………………………………………………………………………… (15)
4 LSWI/EWI 对采收率的影响机理 ……………………………………………………… (16)
　4.1 砂岩中 LSWI/EWI 的机理 ………………………………………………………… (16)
　　4.1.1 微粒运移 ………………………………………………………………………… (16)
　　4.1.2 pH 值增加 ……………………………………………………………………… (17)
　　4.1.3 多离子交换 ……………………………………………………………………… (17)
　　4.1.4 盐溶 ……………………………………………………………………………… (17)
　　4.1.5 砂岩润湿性改变 ………………………………………………………………… (18)
　4.2 碳酸盐岩中 LSWI/EWI 的机理 …………………………………………………… (20)
　　参考文献 …………………………………………………………………………………… (28)
5 LSWI/EWI 技术在砂岩和碳酸盐岩中的建模 ………………………………………… (33)
　5.1 一般建模方法 ……………………………………………………………………… (33)
　5.2 LSWI/EWI 的现场规模建模与优化 ……………………………………………… (39)
　5.3 LSWI/EWI 示踪模型 ……………………………………………………………… (42)
　　参考文献 …………………………………………………………………………………… (45)
6 LSWI/EWI 方法的地球化学研究 ……………………………………………………… (48)
　6.1 地球化学基础建模 ………………………………………………………………… (48)
　　6.1.1 平衡过程的化学热力学基础 …………………………………………………… (48)
　　6.1.2 活度系数模型 …………………………………………………………………… (50)
　　6.1.3 地球化学基本反应 ……………………………………………………………… (51)
　6.2 LSWI/EWI 机理建模 ……………………………………………………………… (55)
　　6.2.1 UTCOMP 模拟器介绍 ………………………………………………………… (56)
　　6.2.2 地球化学软件 PHREEQC 介绍 ………………………………………………… (59)

  6.2.3 UTCOMP 中地球化学物质的实现及与 IPHREEQC 的耦合 …………… (59)
  6.2.4 间歇反应计算 ………………………………………………………… (60)
  6.2.5 烃相对溶液—岩石地球化学反应的影响 …………………………… (61)
 6.3 地球化学在 LSWI/EWI 领域的应用 ………………………………………… (63)
 参考文献 …………………………………………………………………………… (71)

7 LSWI/EWI 和其他 EOR 工艺的协同作用 …………………………………… (76)
 7.1 一致性控制应用 ……………………………………………………………… (76)
 7.2 重油应用 ……………………………………………………………………… (76)
 7.3 LSWI/EWI 和聚合物驱应用 ………………………………………………… (77)
 7.4 LSWI/EWI 和表面活性剂驱应用 …………………………………………… (77)
 7.5 LSWI/EWI 和二氧化碳驱应用 ……………………………………………… (78)
 参考文献 …………………………………………………………………………… (87)

8 LSWI/EWI 对砂岩和碳酸盐岩的影响比较 ………………………………… (90)
 参考文献 …………………………………………………………………………… (93)

9 结束语 ………………………………………………………………………… (97)

1 提高采收率工艺介绍

油藏在其生命周期中涉及不同的采油机理,包括一次采油、二次采油和三次采油。一次采油通过油藏本身的天然能量驱动采油,包括溶解气驱、水驱(天然水驱)、气顶气驱和重力泄油。在未饱和原油膨胀能以及溶解气驱的作用下,常规一次采油的采收率为原始原油地质储量(OOIP)的3%~15%。在二次采油阶段,采用不同的方法可以提高或维持油藏压力,比如注气或注水。对于一个具有活跃水驱或气顶气驱的油藏,通过注气或注水来保持油藏压力,水压驱动或气顶驱动可以将采收率显著提高到50%左右,甚至更高(Guerithault 和 Economides,2001;Lake,1989)。

油藏压力大多损耗于一次采油和二次采油阶段。由于地层压力损耗,导致地质储量中很大一部分原油留在了油藏中。在一定的经济和环境条件下提出了不同的开采剩余油的方法(Dandona 和 Morse,1972)。三次采油阶段采用强化采油(EOR)的方法,在一定的市场和技术条件下,以经济的方式提高一次和二次采油后的原油采收率。EOR 指注入一般不存在于油藏中的流体进行采油,但是并不包括保持地层压力或注水驱油。这个定义并没有严格地将 EOR 技术的应用限制在一个特定的阶段(一次、二次或者三次采油)(Lake,1989)。现今,人们使用着各种不同的 EOR 技术,它们包括溶剂驱,如混相和非混相气体驱(烃、二氧化碳或氮气),化学驱(表面活性剂、聚合物或碱),热力采油[蒸汽驱、蒸汽吞吐或火烧油层(原位燃烧)]和其他采油方法[微生物驱、低矿化度工程注水(LSWI/EWI)或声波采油]。

提高采收率(IOR)是一个可以与 EOR 互换使用甚至替代的术语。IOR 指任何能够提高石油采收率的方法;因此,这一定义包括 EOR 方法以及其他工艺措施,如注水开发、保压开采、加密钻井和多分支井技术。油藏生命周期中不同的开采机理如图1.1所示。

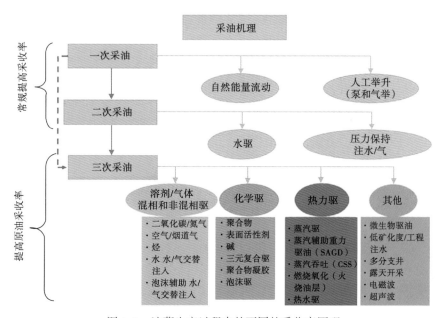

图1.1 油藏生产过程中的不同的采收率原理

自 1865 年以来，注水驱油被认为是最常用的二次采油技术。近年来，在注入水成分和矿化度分析基础上观察到了该技术的第三种效应。LSWI/EWI 是一种新兴的改变砂岩和碳酸盐岩储层润湿性的 IOR 技术。这项技术的普及是由于其可以高效地置换轻质到中质重油，且易于注入含油层位，以及注入水的容易获取、成本低、操作费用少。与其他 IOR/EOR 方法相比，后者具有更有利的经济效益。

在文献中，英国石油公司（BP）将 LSWI/EWI 称为 LoSal，沙特阿拉伯国家石油公司（Saudi Aramco）将其称为智能注水（Smart WaterFlood），壳牌石油公司（Shell）将其称为设计注水（Designer WaterFlood），而埃克森美孚国际公司则将其称为高级离子管理（Advanced Ion Management）。在实验室和小范围矿场试验中对 LSWI 进行了多次研究。大多数研究都证实了注入低矿化度水具有积极作用，这意味着在二次和三次采油方式下都还能获得更大的采收率。润湿性改变被认为是低矿化度注水（LSWI）提高采收率的主要原因；然而也提出了一些其他的机理，如溶解作用和微粒运移。不过，对原油—盐水—岩石（COBR）之间相互的化学作用的认识工作仍在进行。

迄今为止，对 LSWI 建模研究很少；相对于砂岩，对碳酸盐岩建模研究更少。之所以不愿研究 LSWI 对碳酸盐岩的影响，原因之一就是通过砂岩的广泛研究，认为黏土的存在是造成润湿性改变的主要原因。此外，由于原油—盐水—岩石（COBR）三者之间复杂的化学相互作用以及碳酸盐岩的非均属性，使得它们难以预测因 LSWI 引起的采收率增加幅度。其他原因还包括低矿化度水注入后原油产量增加的化学机理不明朗。

低矿化度注水技术唯一需要关注的问题是水源和水处理。海水淡化主要有两种方法：热法和膜法。热法包括多级闪蒸、多效蒸馏、热压缩蒸馏和机械式蒸汽压缩。热法是以海水受热和从蒸馏过程中收集冷凝蒸汽为基础。膜法包括反渗透法（RO）和纳滤法（NF）。后一种方法是在压力的驱动下，施加压力迫使盐水通过一层膜，此时将盐分子选择性地过滤。通常，膜法比热法更受青睐，特别是受空间限制和能量（蒸汽）要求的近海区域。反渗透法的膜孔隙尺寸小于或等于 $0.0005\mu m$，其产出水是不含一价和二价离子的淡水。与反渗透法相比，NF 膜较宽松，其孔隙大小为 $0.05 \sim 0.005\mu m$，其产出水富含一价离子（Yousef 和 Ayirala，2014）。

反渗透脱盐法是最常见的膜基海水脱盐方法。然而，黏土膨胀和储层酸化是（注水）涉及的两个主要问题。Ayirala 等（2010）提出的一种新方法，可通过纳米过滤和反渗透克服前面提到的问题；这就是所谓的设计用水去饱和作用。在膜基海水淡化方法中，对单独使用反渗透法或一系列纳米过滤/反渗透组合等方法已经申请了多项专利。然而，Yousef 和 Ayirala（2014）强调：提出的组合法只适用于砂岩中的低矿化度注水。此外，他们提出了一种新的水中离子组成优化技术，其中纳滤膜工艺和反渗透膜工艺采用并联结构。后一种结构产生了多种多样的产品，覆盖了整个离子含量和变化范围，能够适用于砂岩和碳酸盐岩油藏。Yousef 和 Ayirala 强调了纳滤废液和反渗透废液的重要性，这对于碳酸盐岩中的 LSWI/EWIs 非常重要。

Dang 等（2013）简要回顾了目前对 LSWI 机理、建模与数值模拟、LSWI 先导试验以及以砂岩油藏为重点的混合型 LSWI 项目的认识。此外，Sheng（2014）还对 LSWI 在砂岩中的历史、实验室和油田现场观测、机理以及模拟工作进行了综述。同样，Jackson 等（2016）对砂岩油藏低矿化度注水提高原油采收率的主控机理进行了概述。他们的讨论集中在矿物表面作用机理上。他们认为，多离子交换（MIE）、局部 pH 值增加、扩散双电层（DLE）是主要的控制因素。后一种机理是很常见的，它是通过改变矿物表面电荷或扩散双电层的厚度来改变矿物表面的 zeta 电位。因此，他们强调有必要将所提到的机理与 zeta 电位联系起来，并在油藏条件下测量后者。Kilybay 等（2017）针对砂岩和碳酸盐岩中低矿化度工程注水增产主控机理发表了综述性文章。本书主要对目前在 LSWIs/EWIs 领域所做的研究及其在砂岩和碳酸盐岩油藏中的应用进行全面的论述。本书将注入水的稀释过程称为 LSWI，而将注入水的硬化或软化称为工程注水（EWI）。LSWI 在砂岩和碳酸盐岩中均有应用（而其在砂岩中的作用更受重视），但 EWI 主要用于碳酸盐岩。

第 2 章介绍了在砂岩和碳酸盐岩中进行的低矿化度工程注水的实验工作。第 3 章介绍了在砂岩和碳酸盐岩油藏中 LSWI/EWI 的油田现场应用。第 4 章对砂岩和碳酸盐岩油藏中的 LSWI/EWI 的基本增产机理进行了阐述。第 5 章描述和讨论了砂岩和碳酸盐岩中提出的不同 LSWI/EWI 模型。第 6 章回顾了地球化学的基础知识及其在 LSWI/EWI 领域中的应用，包括地球化学和组分建模方法。第 7 章讨论了 LSWI/EWI 的不同应用，包括一致性管理和 LSWI/EWI 与表面活性剂、聚合物和二氧化碳（CO_2）的协同应用。第 8 章比较了 LSWI/EWI 对砂岩和碳酸盐岩产生作用的主控因素。第 9 章则基于广泛的文献调研和笔者的经验归纳了本书的主要结论及建议。

参 考 文 献

Ayirala, S., Ernesto, U., Matzakos, A., Chin, R., Doe, P., Hoek, P. V. D. 2010. A designer water process for offshore low salinity and polymer flooding applications. Paper SPE 129926, SPE Improved Oil Recovery Symposium, Tulsa, OK.

Dandona, A. K., Morse, R. A., 1972. The influence of gas saturation on waterflood performance-variations caused by changes in flooding rate. Paper SPE 4257, SPE Hobbs Regional Meeting, Hobbs, NM.

Dang, C. T. Q., Nghiem, L. X., Chen, Z., Nguyen, Q. P., Nguyen, Ngoc. T. B, 2013. State-of-the art low salinity waterflooding for enhanced oil recovery. Paper SPE 165903, SPE Asia Pacific Oil & Gas Conference and Exhibition, Jakarta, Indonesia.

Guerithault, R., and Economides, C. A. E., 2001. Single-well waterflood strategy for accelerating oil recovery. Paper SPE 71608, SPE Annual Technical Conference and Exhibition, New Orleans, LO.

Jackson, M. D., Vinogradov, J., Hamon, G., Chamerois, M., 2016. Evidence, mechanism, and improved understanding of controlled salinity water injection part 1: sandstones. Fuel J. 185 (2016), 772-793.

Kilybay, A., Ghosh, B., Thomas, N. C., 2017. A review on the progress of ion-engineered water flooding. J. Petrol. Eng. 2017. Article ID: 7171957.

Lake, L. W., 1989. Enhanced Oil Recovery. Prentice Hall, Englewood Cliffs, NJ.

Sheng, J. J., 2014. Critical review of low-salinity waterflooding. J. Petrol. Sci. Eng. 120 (2014), 126-224.

Yousef, A. A., Ayirala, S. C., 2014. Optimization study of a novel water-ionic technology for smart-waterflooding application in carbonate reservoirs. Oil Gas Facilit. 3 (5), 72-82.

2 低矿化度工程注水实验研究

本章介绍了实验室规模的 LSWI/EWI 对砂岩和碳酸盐岩的影响。

2.1 针对砂岩的 LSWI/EWI 实验研究

对于砂岩而言，将盐水用作注入液［而不用淡水（Smith，1942）］，可从 kansas 油田岩心中多采出 15% 的原油，在这之后的实验研究已不胜枚举。后来的研究表明，注入淡水后的采油量下降是由于黏土膨胀造成的。因此，Hughes 和 Pfister（1947）重点研究了流体的物理和化学特性以防止黏土膨胀。Reiter（1961）利用高矿化度水（Nacatoch 原生水）和低矿化度水（含盐量为 Nacatoch 水的四分之一）对 Nacatoch 砂岩亲油岩心产出的增油量进行了评估和比较；结果表明，由于黏土水化作用，低矿化度水最终采收率比高矿化度水高 21.3%。Bernard（1967）研究了淡水和盐水对含黏土的人造岩心和天然岩心采收率的相对效果；结果表明，盐水中 NaCl 浓度为 1%~15% 时对采收率无影响；然而，当 NaCl 浓度从 1% 降低到 0.1% 时，原油采收率和岩心两端压降都增加了。因此，原油采收率的增加与黏土的存在有关。Al-Mumen（1990）关于 Berea 砂岩岩心的实验报道却与之相反，他指出：随着矿化度的增加，原油采收率增加；但当其增至某一水平时，采收率增加幅度变得不明显。

大多数研究人员观察到，在砂岩中进行 LSWI 以提高原油采收率需将注入矿化度控制在某一水平。Zhang 等（2007a）进行了几次岩心驱替实验，研究了在二次、三次采油模式下低矿化度盐水对提高 Berea 砂岩岩心石油采收率的影响；结果显示，1500mg/L 质量浓度的 NaCl 溶液的驱替效果较好；然而，使用 8000mg/L NaCl 对采收率没有影响，因为盐度的降低似乎还不够。Patil 等（2008）在二次采油模式中进行岩心驱替实验，评价了低矿化度水驱在阿拉斯加北坡（ANS）的适用性；他们观察到：随着矿化度从 22000mg/L 降至 5500mg/L，残余油饱和度从 46% 降至 38%；此外，在将矿化度从 22000mg/L 降低到超低湖水矿化度（50~60mg/L）时，采收率从 40% 提高到 68%。Webb 等（2005a）探究了 2000~3000mg/L 的矿化度范围内低矿化度对采收率的影响。上述研究表明，在一定矿化度水平以下，低矿化度对采收率的影响是明显的。

正如 Tang 和 Morrow（1997）所述，原生盐水和侵入盐水都对油藏温度下的润湿性和采收率有重要影响。原生盐水和侵入盐水或两者中的任一个的矿化度降低都会引起采收率的增加（特别是在高温条件下），岩石亲水性的增强导致采收率的增加。Agbalaka 等（2009）在低温和高温、低矿化度（NaCl 质量分数小于 2%）和高矿化度（NaCl 质量分数为 4%）的条件下利用 Berea 砂岩和页岩岩心进行岩心驱替实验，该实验表明：矿化度和温度对提高采收率起着重要作用。当盐水的质量浓度从 4% 降低到 1% 时，二次和三次采油阶段的原油采收率均提高了。与低温相比，高温下的采收率更高。

Loahardjo 等（2007）发现，砂岩储层岩心对低矿化度水的反应比露头岩心好。他们得出的结论是，低矿化度水驱对于原油—盐水—岩石（COBR）体系的相互作用非常特殊，且无法预测。这一结论基于自发渗吸试验，该实验表明，当海水稀释 10 倍时二次采收率提高了 OOIP 的 16%，当海水稀释 100 倍时二次采收率提高了 OOIP 的 29%，然而对于三次采油，情况并非总是如此。据大多数研究报道，（采用低矿化度注水时）砂岩采收率可提高 5%~20%（Lager 等，2007；Lager 等，2008；Webb 等，2005a；Webb 等，2008）。

一些研究人员通过二次采油模式下 214 次岩心驱替实验和三次采油模式下 188 次岩心驱替实验证实了低矿化度注水对砂岩油藏采收率的影响（Aladasani 等，2012）。Gamage 和 Thyne（2011）对 Berea 岩心和现场砂岩岩心进行两相岩心驱替实验，在二次采油（而不是三次采油）模式下注入低矿化度水可多采出 6%~22% 的原油。低矿化度注水采油还将随着压差减小，pH 值增加以及微粒运移。Fjelde 等（2012）对北海砂岩储层岩心进行岩心驱替实验来研究低矿化度水对采收率的影响。他们发现高矿化度的注入水会导致活塞式的驱替，而低矿化度的注入水则会延长采油期。这表明，使用高矿化度水驱替时岩石是水湿的，而使用低矿化度水驱替时岩石的采水性减弱。他们得出的结论是，润湿性改变的方向可以通过黏土表面的离子交换来最好地解释，因此，对 LSWI/EWI 效果的分析应该根据地层盐水、注入盐水、石油组分和岩石类型之间的相互作用的具体情况而定。

Suijkerbuijk 等（2012）研究了注入水、地层水和原油对 LSWI/EWI 引起的润湿性改变的影响。他们利用 Berea 岩心和砂岩油藏岩心进行了自发渗吸实验。其结论为增加注入水中的 Ca^{2+} 浓度会使系统更亲油。此外，地层水中二价阳离子浓度低时注入高矿化度的 NaCl 溶液而地层水中二价阳离子浓度高时注入化矿化度的 NaCl 溶液，均可提高原油采油率。除此之外，他们还发现：使用 LSWI/EWI 时原油决定了岩石的润湿性状态并且大多数岩石的亲油性导致了采收率明显增加。在后来的工作中，Suijkerbuijk 等（2014）通过在砂岩岩心上进行的自发渗吸试验和驱替试验，评价了低矿化度水驱在俄罗斯西萨莉姆（West Salym Field）油田的适用性。结果表明，通过改变相对渗透率和降低残余油饱和度从而使岩石的水湿性向更亲水状态转变，这证明低矿化度水驱对采收率有积极的效果。此外，将岩心驱替实验结果扩展至油田尺度可看出，（低矿化度工程注水）可将三次采油阶段的原油采收率提高 1.7%，而在二次采油阶段，采收率可提高 4%。

前期研究表明，在实验室规模下，低矿化度对于提高砂岩的原油采收率效果显著。在下一节中，将深入讨论实验室尺度下的 LSWI/EWI 对碳酸盐岩储层的影响。

2.2 针对碳酸盐的 LSWI/EWI 实验研究

与砂岩相比，关于低矿化度工程注水对碳酸盐岩影响的研究相对较少，这是因为前人认为：由低矿化度注水引起的润湿性改变与黏土的存在有关，而在碳酸盐岩中情况则不同。尽管如此，人们利用自发渗吸与岩心驱替在实验室尺度下研究了低矿化度工程注水对碳酸盐岩原油采收率的影响，在矿化度尺度下也进行了一定程度的研究。

2.2.1 自发渗吸试验

对于自发渗吸试验，Hognesen 等（2005）从储层石灰岩岩心、露头、白垩岩岩心、海水和地层水的实验中得出结论，高温下增加硫酸根离子浓度可提高原油采收率，这是因为硫酸根离子作为润湿反转剂使碳酸盐岩由混合润湿变为水湿。Webb 等（2005b）通过自发渗吸实验研究了硫酸盐对北海碳酸盐岩岩心样品采收率的影响。他们发现，与不含硫酸盐的水相比，海水能改变碳酸盐岩体系的润湿性，使之采水性增强。然而 Webb 等（2005b）通过对比注入海水与地层水后的毛管压力曲线的变化,证明了海水对 Valhall 白垩岩心的影响。研究发现,与地层水相比,采用海水自发地从白垩岩心中采出 40% 的原油,而强制注入海水可使采收率从 40% 提高到 60%。

Zhang 等 (2007b) 研究了 Ekofisk 油田北海白垩系储层的润湿性变化。该研究使用了 2.07mgKOH/g 的原油和含不同浓度硫酸盐 NaCl 盐水。随后,研究了在不同温度下添加钙或镁离子的效果。如图 2.1 所示,他们得出结论:如果吸入的水中含有 Ca^{2+} 和 SO_4^{2-} 或 Mg^{2+} 和 SO_4^{2-},则会发生润湿性改变。

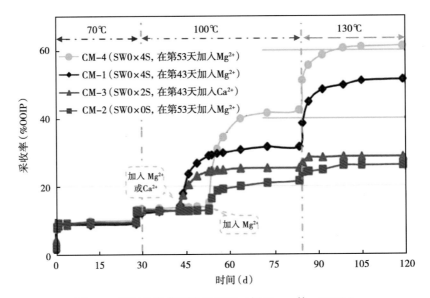

图 2.1 润湿性改变提出的机理(据 Zhang 等,2007b)

Strand 等 (2008a) 利用 51.9 mgKOH/g 原油对白垩进行了自发和强制驱替试验。该实验证实了高温海水可增强碳酸盐岩的采水性,从而提高原油的采收率(图 2.2)。

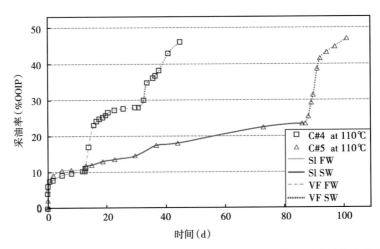

图 2.2 自发渗吸和强制驱替条件下注入地层水和海水对白垩岩心原油采收率影响的对比
(据 Strand 等,2008a)

Strand 等（2008b）对注入海水后裂隙灰岩润湿性改变的化学机理进行了初步实验研究。该研究表明，与不含硫酸盐的海水相比，注入海水后石灰石岩心的采收率增加了 15%。与其他高矿化度盐水相比，注入海水的盐度最低；然而，该实验没有采用比海水矿化度更低的盐水。此研究还通过色谱润湿性试验证实，润湿性改变和硫酸盐吸附对白垩岩和石灰岩的影响基本相同。Fjelde（2008）发现在石灰岩地层中应用低矿化度注水可提高原油采收率。结果表明，低矿化度水自发渗吸的原油采收率与海水相近。

2.2.2 岩心驱替实验

对于岩心驱替实验，Bagci 等（2001）使用质量浓度为 2% 的 KCl 溶液驱替石灰岩岩心，其原油采收率高达 35.5%，由于岩石中黏土与注入液发生离子交换，流出盐水的 pH 值较高。他们认为润湿性的改变是采出油量增加的原因，但没有进行进一步的解释。Yousef 等（2011）研究了低矿化度注水（智能水驱）在碳酸盐岩上的适用性，通过采用海水和不同稀释程度的海水提高采收率。岩心驱替实验结果显示，随着海水逐步稀释，图 2.3 中三次注水可提高原油采收率 18%。第二次岩心驱替实验得到了几乎相同的结果，由此验证了前述结论。

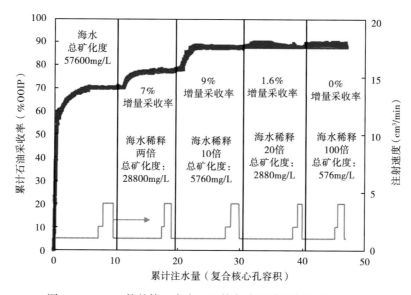

图 2.3　Yousef 等的第一次岩心驱替实验的采收率曲线（2011）

后来，研究人员开始调整注入水（工程注水）的矿化度，并研究其对采收率的影响。Gupta 等（2011）对来自西得克萨斯（West Texas）的白云岩岩心和来自中东的石灰岩岩心进行了岩心驱替实验。实验结果表明，由于添加了硫酸盐离子，白云石和石灰石岩心的原油采收率提高了 5%~9%。对于石灰石岩心，通过降低注入水的硬度而不减少固体溶解物，可采出原油量为 7%~9%。另一个有趣的发现是，使用硼酸盐（BO_3^{3-}）和磷酸盐（PO_4^{3-}）作为改性离子，其采出原油量分别为 15% 和 20%。以地层水为基础盐水注入后进行了三次采油模式的研究。他们的结论是，注入盐水的软化有助于溶解，硬化有助于改变表面电荷，而这两者都是碳酸盐岩润湿性改变机理所必需的。此外，通过在碳酸盐驱替实验中使用添加 PO_4^{3-}、BO_3^{3-} 和 NaOH 盐的改性水，他们观察到 pH 值的增加。

Zahid 等（2012）对储层和白垩系碳酸盐岩露头进行了岩心驱替实验，通过注入海水并随后注入不同程度的稀释海水来研究 LSWI 的影响。结果表明，在高温和低温条件下，露头白垩岩心没有额外的恢复。然而，只有在高温下，储层碳酸盐岩岩心的原油采收率才会提高，与此同时压差会增大，这表明固体发生溶解或微粒发生运移。计算表明，此实验的毛管数超过了临界毛管数，这一点可以从注入量改变引起的采收率提高幅度看出。毛管数是黏滞力与毛管力的比值，定义为（Abrams，1975）：

$$N_c = \frac{u\mu_w}{\sigma K_{rw}} = \frac{K\Delta p}{\sigma L} \qquad (2.1)$$

式中　u——注入速度；

μ_w——水黏度；

σ——油水界面张力；

K_{rw}——水相相对渗透率；

K——绝对渗透率；

$\Delta p/L$——施加的压力梯度。

临界毛管数（N_c^*）是非润湿相饱和状态下降的毛管数值（Donaldson 等，1989）。毛管数超过临界毛管数会造成岩心段塞中微粒运移，并且岩心的连续性下降，从而导致压降的增加。

其他研究人员认为，钙离子对 LSWI/EWI 增加采收率的贡献不大。Chandrasekhar 和 Mohanty（2013）在 120℃的高温下利用油藏石灰岩进行接触角测量、自发渗吸实验、岩心驱替实验以及离子分析，对盐水及其提高采收率的机理进行了研究。其结果表明，含有 Mg^{2+} 和 SO_4^{2-} 的改性海水和稀释的海水使岩石的润湿性改变到更亲水的状态；然而，仅含有 Ca^{2+} 的海水不能改变岩石的润湿性。注入改性盐水后岩心的残余油饱和度约为 20%。此外，多离子交换和矿物溶解作用导致有机酸基团解吸附，从而导致润湿性改变。

另外，一些研究人员发现了潜在的离子（Ca^{2+}、Mg^{2+} 和 SO_4^{2-}）存在一个最佳浓度。Al Attar 等（2013）利用海水和两处油田注入水对阿布扎比布哈森（BuHasa 油田）碳酸盐岩岩心的低矿化度工程注水效果进行了评估。在评估的环境条件下进行岩心驱替、界面张力（IFT）测量、pH 值测量以及接触角测量，在此基础上，他们发现将油田水浓度从 197362mg/L 稀释到 5000mg/L 时，原油采收率从 63%提高到 84.5%。此外，他们还得出结论，岩石润湿性由水湿向中湿转变是增加采收率的原因。他们还指出 pH 值 IFT 不能作为低矿化度水驱增加采收率的依据。此外，他们发现将硫酸盐浓度提高到一定水平对提高采收率有积极作用，而提高钙浓度则有消极作用。Awolayo 等（2014）研究了硫酸根离子对碳酸盐岩智能水驱提高原油采收率的影响。他们从岩心驱替、接触角测量、zeta 电位测试和离子分析中得出结论，硫酸根离子浓度越高，采收率越高，但采收率增幅存在一定极限。他们认为 4 倍硫酸盐浓度的水可能是最佳硫酸盐注入液。

在论述了砂岩和碳酸盐岩中低矿化度工程注水的实验研究后，第 3 章将讨论该技术的现场应用。

参 考 文 献

Abrams, A., 1975. The influence of fluid viscosity, interfacial tension, and flow velocity on residual oil saturation left by waterflood. Soc. Petrol. Eng. J. 15 (5), 437-447.

Agbalaka, C. C., Dandekar, A. Y., Patil, S. L., Khataniar, S., Hemsath, J. R., 2009. Core-flooding studies to evaluate the impact of salinity and wettability on oil recovery efficiency. Transport Porous Med. 76 (1), 77-94.

Aladasani, A., Bai, B., Wu, U., 2012. Investigating low-salinity waterflooding recovery mechanisms in sandstone reservoirs. Symposium on SPE Improved Oil Recovery, Tulsa, Oklahoma, USA, Paper SPE 152997.

Al-Attar, H. H., Mahmoud, M. Y., Zekri, A. Y., Almehaideb, R. A., Ghannam, M. T., 2013. Low salinity flooding in a selected carbonate reservoir: Experimental approach. EAGE Annual Conference & Exhibition, London, United Kingdom, Paper SPE 164788.

Al-Mumen, A. A., 1990. The effect of injected water salinity on oil recovery. Master of Science Thesis, King Fahad University of Petroleum and Minerals, Dhahran, Saudi Arabia.

Awolayo, A., Sarma, H., AlSumaiti, A. M., 2014. A laboratory study of ionic effect of smart water for enhancing oil recovery in carbonate reservoirs. SPE EOR Conference at Oil and Gas West Asia, Muscat, Oman, Paper SPE 169662.

Bagci, S., Kok, M. V., Turksoy, U., 2001. Effect of brine composition on oil recovery by waterflooding. J. Petrol. Sci. Technol. 19 (3-4), 359-372.

Bernard, G. G., 1967. Effect of floodwater salinity on recovery of oil from cores containing clays. SPE California Regional Meeting, Los Angeles, California, USA, Paper SPE 1725.

Chandrasekhar, S., Mohanty, K. K., 2013. Wettability alteration with brine composition in high temperature carbonate reservoirs. SPE Annual Technical Conference and Exhibition, New Orleans, Louisiana, USA, Paper SPE 166280.

Donaldson, E. C., Chilingarian, G. V., Yen, T. F., 1989. Enhanced Oil Recovery II, Processes and Operations. Elsevier Science Publishers, Amsterdam, The Netherlands. Fjelde, I., 2008. Low salinity water flooding experimental experience and challenges.

Force RP Work Shop: Low salinity water flooding, the importance of salt content in injection water, Stavanger, Norway.

Fjelde, I., Asen, S. M., Omekeh, A., 2012. Low salinity water flooding experiments and interpretation by simulations. SPE Improved Oil Recovery Symposium, Tulsa, Oklahoma, USA, Paper SPE 154142.

Gamage, P., Thyne, G., 2011. Comparison of oil recovery by low salinity waterflooding in secondary and tertiary recovery modes. SPE Annual Technical Conference and Exhibition, Denver, Colorado, USA, Paper SPE 147375.

Gupta, R., Smith, G. G., Hu, L., Willingham, T., Cascio, M. L., Shyeh, J. J., et al., 2011. Enhanced waterflood for Middle East carbonates cores – Impact of injection water composition. SPE Middle East Oil and Gas Show and Conference, Manama, Bahrain, Paper SPE 142668.

Hognesen, E. J., Strand, S., Austad, T., 2005. Waterflooding of preferential oil-wet carbonates:

Oil recovery related to reservoir temperature and brine composition. SPEEUROPEC/EAGE Annual Conference, Madrid, Spain, Paper SPE 94166.

Hughes, R. V., Pfister, R. J., 1947. Advantages of brines in secondary recovery of petroleum by waterflooding. Trans. AIME. 170 (1), 187-201.

Lager, A., Webb, K. J., Black, C. J. J., 2007. Impact of brine chemistry on oil recovery. 14th European Symposium on IOR, Cairo, Egypt.

Lager, A. K., Webb, K. J., Collins, I. R., Richmond, D. M., 2008. LoSalt enhanced oil recovery: Evidence of enhanced oil recovery at the reservoir scale. SPE Symposium on Improved Oil Recovery, Tulsa, Oklahoma, USA, Paper SPE 113976.

Loahardjo, N., Xie, X., Yin, P., Morrow, N. R., 2007. Low salinity waterflooding of a reservoir rock. International Symposium of the Society of Core Analysts, Calgary, Alberta, Canada, Paper SCA2007-29.

Patil, S., Dandekar, A. Y., Patil, S. L., Khataniar, S., 2008. Low salinity brine injection for EOR on Alaska North Slope (ANS). International Petroleum Technology Conference, Kuala Lumpur, Malaysia, Paper SPE 12004.

Reiter, Pl. K., 1961. A water-sensitive sandstone flood using low salinity water. Master of Science Thesis, University of Oklahoma, USA.

Smith, K. W., 1942. Brines as flooding liquids. Seventh Annual Technical Meeting, Mineral Industries Experiment Station, Pennsylvania State College.

Strand, S., Puntervold, T., Austad, T., 2008a. Effect of temperature on enhanced oil recovery from mixed wet chalk cores by spontaneous imbibition and forced displacement using seawater. Energ. Fuel. 22 (5), 3222-3225.

Strand, S., Austad, T., Puntervold, T., Hognesen, E. J., Olsen, M., Barstad, S. M. F., 2008b. Smart water for oil recovery from fractured limestone: A preliminary study. Energ. Fuel. 22 (5), 3126-3133.

Suijkerbuijk, B. M. J. M., Hofman, J. P., Ligthelm, D. J., Romanuka, J., Brussee, N., van der Linde, H. A., et al., 2012. Fundamental investigations into wettability and low salinity flooding by parameter isolation. SPE Improved Oil Recovery Symposium, Tulsa, Oklahoma, USA, Paper SPE 154204.

Suijkerbuijk, B. M. J. M., Sorop, T. G., Parker, A. R., Masalmeh, S. K., Chmuzh, I. V., Karpan, V. M., et al., 2014. Low salinity waterflooding at West Salym: Laboratory experiments and field forecasts. SPE EOR Conference at Oil and Gas West Asia, Muscat, Oman, Paper SPE 169691.

Tang, G. Q., Morrow, N. R., 1997. Salinity temperature, oil composition and oil recovery by waterflooding. SPE Reserv. Eng. 12 (4), 269-276.

Webb, K. J., Black, C. J. J., Edmonds, I. J., 2005a. Low salinity oil recovery-the role of reservoir condition core floods. 13th European Symposium on Improved Oil Recovery, Budapest, Hungary.

Webb, K. J., Black, C. J. J., Tjetland, G., 2005b. A laboratory study investigating methods for improving oil recovery in carbonates. SPE International Petroleum Technology Conference, Doha,

Qatar, Paper SPE 10506.

Webb, K., Lager, A., Black, C., 2008. Comparison of high/low salinity water/oil relative permeability. International Symposium of the Society of Core Analysts, Abu Dhabi, UAE, SCA 2008-39.

Yousef, A. A., Al-Saleh, S., Al-Kaabi, A., Al-Jawfi, M., 2011. Laboratory investigation of the impact of injection-water salinity and ionic content on oil recovery from carbonate reservoirs. SPE Reserv. Eval. Eng. 14 (5), 578-593.

Zahid, A., Shapiro, A., Skauge, A., 2012. Experimental studies of low salinity waterflooding in carbonate reservoirs: A new promising approach. SPE EOR Conferenceat Oil and Gas West Asia, Muscat, Oman, Paper SPE 155625.

Zhang, P., Tweheyo, M. T., Austad, T., 2007b. Wettability alteration and improved oil recovery by spontaneous imbibition of seawater into chalk: Impact of the potential determining ions Ca^{2+}, Mg^{2+}, and SO_4^{2-}. Colloids Surf. A Physicochem. Eng. Asp. 301 (1-3), 199-208.

Zhang, Y., Xie, X., Morrow, N. R., 2007a. Waterflood performance by injection of brine with different salinity for reservoir cores. SPE Annual Technical Conference and Exhibition, Anaheim, California, USA, Paper SPE 109849.

3 低矿化度工程注水的现场应用

本章描述了 LSWI/EWI 技术在的现场应用，该技术主要用于砂岩，目前其在碳酸盐岩上的应用的相当有限。

3.1 LSWI/EWI 在砂岩中的现场应用

此外，研究人员也进行了油田规模的研究，以调查 LSWI 对砂岩采收率的影响。Webb 等（2004）在一个巨型碎屑岩油藏上使用一种改进的测井—注入—测井方法在现场范围内证实了实验室的结果，并通过测量高矿化度和低矿化度工程注水后的残余油饱和度（S_{orw}）。实验室研究表明，注入矿化度超过 35000mg/L 的盐水时含油饱和度没有明显变化。这与 Webb 等（2004）的结果是一致的，高矿化度和中矿化度盐水的驱替效果没有显著差异，两者都被用来定义 LSWI 的基本剩余油量。如图 3.1 所示 LSWI 结果，高矿化度注水与 LSWI 剩余油饱和度变化明显。该研究的剩余油饱和度在 30%~50%，这与前文实验研究相符。基于这个乐观的结果，以下 LSWI 相关技术或应用：低矿化度盐水与某一固定矿化度盐水交替注入、低矿化度段塞、低矿化度热水、低矿化度水气交替（LSWAG）等（Webb 等，2004）。

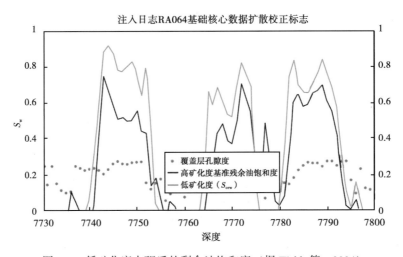

图 3.1　低矿化度水驱后的剩余油饱和度（据 Webb 等，2004）

McGuire 等（2005）报道了在阿拉斯加（Alaska）进行的单井化学示踪试验（SWCTT）。结果表明，LSWI 将采收率提高了 8%~19%。将注入水矿化度限制在 5000mg/L 以下时，低矿化度注水的效果显著。在几篇论文中，由于矿化度对采油有显著的影响而观察到较高的临界盐度极限。Seccombe 等（2008）进行了另一项 SWCTT 以测量三次采油模式下注入低矿化度盐水前后的残余油。在两口生产井中，LSWI（2600mg/L）的残余油饱和度下降了 10%。Seccombe 等（2010）首次报道了 LSWI 的井间应用，该应用涉及一个注水井和一个与之相距

1040ft 的生产井。其结果与岩心驱替实验、单井示踪剂测试以及采收率增幅—黏土含量关系一致。

此外，Vledder 等（2010）在叙利亚 Omar 油田的砂岩油藏应用 LSWI，给出了润湿性改变现场的依据，该砂岩油藏的润湿性为混合润湿—油湿。该油藏轻质油黏度为 0.3mPa·s，地层水矿化度为 90000mg/L，二价阳离子浓度为 5000mg/L。在二次采油阶段使用矿化度为 300mg/L 并且二价阳离子浓度低于 100mg/L 的河水进行 LSWI。使用扩展的 Buckley-Leverett 理论（Pope，1980）描述润湿性改变，可观察到见水延缓、低矿化度驱替前缘之前形成集油带以及驱替前缘之后剩余油饱和度的减小，集油带的形成是由于解吸原油的聚集（图 3.2）。从含水率发展的两个阶段观察到润湿性改变（图 3.3），并且通过岩心自发渗吸实验和单井测井—注入—测井试验得以证实。结果表明，在润湿性为混合润湿到油湿的砂岩油藏中应用低矿化度注水可采出的油量为 OOIP 的 10%~15%。

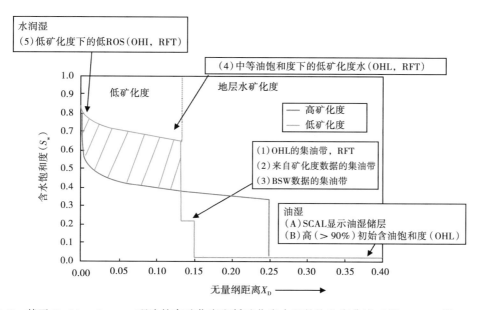

图 3.2　基于 Buckley-Leverett 理论的高矿化度和低矿化度水驱的饱和度曲线（据 Vledder 等，2010）

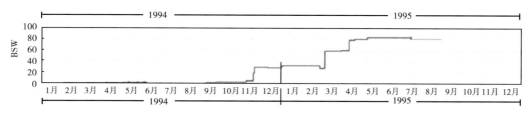

图 3.3　1994 年 11 月至 1995 年 3 月期间采用原生水带含水率的变化（据 Vledder 等，2010）

在俄罗斯的 Pervomaiskoye 油田进行了 7 次 LSWI 现场试验，使 OOIP 的采收率增加了 5%~9%（Akhmetgareev 和 Khisamov，2015）。Akhmetgareev 和 Khisamov 对不同黏土含量的砂岩岩心进行多次双重驱替试验，研究了 LSWI 的增产。他们指出，对于黏土含量低的岩心，岩石表面润湿性改变是主要的增产机理，因为残余油饱和度下降了两倍。另一方面，对于黏土含量高的岩心，黏土运移造成储层伤害是 LSWI 提高原油采收率的原因，因为水相相对渗透率下降了两倍。此外，作者还利用微粒辅助模型，在现场尺度上对上述机理进行了数值模拟。

文献中也报道过 LSWI 在现场应用失败的事例。Skrettingland 等（2011）报道 LSWI 对北海 Snorre 油田的采收率影响甚微或无影响。这一结论是根据三次采油注入模式下进行的 SWCTT，并根据该油田普遍存在的弱水湿条件进行推理而得出的。Callegaro 等（2014）在西非的一个复杂碎屑岩油藏中进行了 SWCTT。该测试的目的是在注入海水、低矿化度水和表面活性剂的三个连续注入周期后测量残余油饱和度。与实验室观察结果相比，低矿化度水驱的现场应用效果并不乐观。他们解释了这一差异，因为试验储层中矿物的黏土含量较低并且储层的残余油饱和度低，在这种环境下低矿化度注水的 IOR 作业难有成效。

3.2 LSWI/EWI 在碳酸盐岩中的现场应用

Yousef 等（2012）报道了 LSWI 在碳酸盐岩储层中的首次应用。在上侏罗统碳酸盐岩储层中，采用 Qurayyah 海水的稀释液进行了两次 SWCTT。试验结果表明，残余油饱和度降低了约 7 个饱和度单位，超过了注入常规海水时的残余油饱和度的降低幅度。根据一定的筛选标准，选择了 2 口井（A 井和 B 井）进行测试。A 井测试的目的是确定 LSWI 在三次采油阶段下的效果，在 A 井中注入了三个水段塞：两个海水段塞以确保达到残余油饱和度条件，其次是智能水段塞（稀释 10 倍）。每次注入段塞后，注入三个示踪剂，用以确定残余油饱和度的降低情况。对 B 井进行 SWCTT，以确定智能水的不同稀释程度对残余油饱和度的影响，在 B 井中分别注入三个段塞：海水段塞、稀释两倍的智能水段塞、稀释 10 倍的智能水段塞。该试验得到的结果与他们之前的实验工作（Yousef 等，2011）相吻合，这有助于计划多井示范试验。图 3.4 给出了 A 井的一个现场实例。

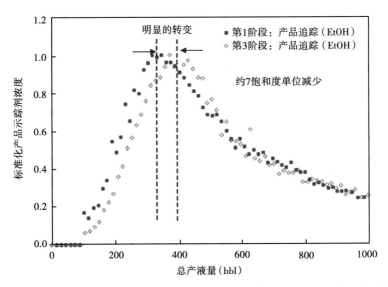

图 3.4　A 井的第 1 阶段（现场海水）和第 3 阶段（智能水—稀释 10 倍）的现场测量
示踪剂浓度曲线的比较（据 Yousef 等，2012）

为了弄清 LSWI 提高原油采收率的机理，目前仍在进行着广泛的研究，以扩大油田规模的成功应用。因此，第 4 章将讨论砂岩和碳酸盐岩中应用 LSWI/EWI 提高原油采收率的机理。

参 考 文 献

Akhmetgareev, V., Khisamov, R., 2015. 40 years of low-salinity waterflooding in Pervomaiskoye Field, Russia: incremental oil. Paper SPE 174182, SPE European Formation Damage Conference and Exhibition, Budapest, Hungary.

Callegaro, C., Masserano, F., Bartosek, M., Buscaglia, R., Visintin, R., Hartvig, S. K., et al., 2014. Single well chemical tracer tests to assess low salinity water and surfactantEOR processes in West Africa. Paper SPE 17951, SPE International Petroleum Technology Conference, Kuala Lumpur, Malaysia.

McGuire, P. L., Chatham, J. R., Paskvan, F. K., Sommer, D. M., Carini, F. H., 2005. Lowsalinity oil recovery: an exciting new EOR opportunity for Alaska's North Slope. Paper SPE 93903, SPE Western Regional Meeting, Irvine, CA.

Pope, G. A., 1980. The application of fractional flow theory to enhanced oil recovery. SPEJ. 20 (3), 191-205.

Seccombe, J. C., Lager, A., Webb, K., Jerauld, G., Fueg, E., 2008. Improving waterflood recovery: LoSalTM EOR field evaluation. Paper SPE 113480, SPE Improved Oil Recovery Symposium, Tulsa, OK.

Seccombe, J., Lager, A., Jerauld, G., Jhaveri, B., Buikema, T., Bassler, S., et al., 2010. Demonstration of low-salinity EOR at interwell scale, Endicott Field, Alaska. Paper SPE 129692, SPE Improved Oil Recovery Symposium, Tulsa, OK.

Skrettingland, K., Holt, T., Tweheyo, M. T., Skjevark, I., 2011. Snorre low salinity water injection-coreflooding experiments and single well field pilot. SPE Reserv. Eval. Eng. 14 (2), 182-192.

Vledder, P., Fonseca, J. C., Wells, T., Gonzalez, I., Ligthelm, D., 2010. Low salinity water flooding: proof of wettability alteration on a field wide scale. Paper SPE 129564, SPE Improved Oil Recovery Symposium, Tulsa, OK.

Webb, K. J., Black, C. J. J., Al-Ajeel, H., 2004. Low salinity oil recovery-log-inject-log. Paper SPE 89379, SPE Symposium on Improved Oil Recovery, Tulsa, OK.

Yousef, A. A., Al-Saleh, S., Al-Kaabi, A., Al-Jawfi, M., 2011. Laboratory Investigation of the impact of injection-water salinity and ionic content on oil recovery from carbonate reservoirs. SPE Reserv. Eval. Eng. 14 (5), 578-593.

Yousef, A. A., Liu, J., Blanchard, G., Al-Saleh, S., Al-Zahrani, T., Al-Zahrani, R., et al., 2012. SmartWater flooding: industry's first field test in carbonate reservoirs. Paper SPE 159526, SPE Annual Technical Conference and Exhibition, San Antonio, TX.

4 LSWI/EWI 对采收率的影响机理

文献里对于砂岩和碳酸盐岩中应用低矿化度注水提高原油采收率的单一机理尚未形成统一认识。图 4.1 总结了砂岩和碳酸盐岩中低矿化度注水提高原油采收率的不同机理，本章将对这些机理进行论述。

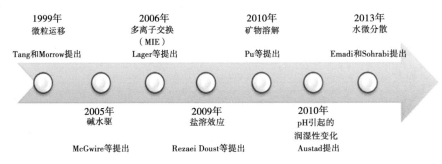

图 4.1 低矿化度机理被提出的时间线（据 Rotondi 等，2014）

4.1 砂岩中 LSWI/EWI 的机理

根据大量的研究成果可知，人们已提出了低矿化度工程注水工艺的不同机理；然而，并没有一种单一的机理被认为是低矿化度（水）对砂岩产生影响的主要机理。这是由于原油、盐水和岩石之间的相互作用很复杂，并且一种提出的机理与另一种机理的观察结果存在大量冲突。先前已提出的机理有微粒运移、pH 值增加、多离子交换（MIE）、盐溶和润湿性改变（Doust 等，2009；Ligthelm 等，2009）。本节介绍了（前人已）提出的每种机理。

4.1.1 微粒运移

Smith（1942）利用氯化钙溶液和淡水对砂岩岩心进行了几次实验室试验。使用盐水溶液时采收率高于淡水，其原因是淡水作用下黏土发生膨胀。Martin（1959）对砂岩岩心进行了低矿化度水驱提高采收率的实验，他指出：降低注入盐水的矿化度导致原油采收率提高，而黏土膨胀和乳化是采收率提高的原因。尽管如此，Bernard（1967）却发现：与 NaCl 盐水相比，在砂岩中使用淡水（驱油）的采收率更高，同时压降也高。至此，有两种情况可供解释：黏土膨胀导致油和水的赋存空间减小，从而增加原油采收率；而黏土分散成细颗粒，堵塞了最初已有的流动通道，并形成新的流动通道，从而提高原油采收率（Alotaibi、Nasr-El-Din，2009）。

当流动流体总的阳离子浓度不足或二价阳离子（Ca^{2+} 和 Mg^{2+}）含量不足时，就会发生由黏土化学反应引起的微粒运移。黏土的分散被认为是一个复杂的现象，这取决于黏土的类型以及流动水和原生水的盐水成分。Tang 和 Morrow（1999）提出了微粒运移机理，因为低矿化度水可释放出黏土碎片（微粒）——特别是高岭石分离物，从而使黏土矿物更加亲水。尽管如此，他们强调：微观驱替效率的提高是由于释放的黏土颗粒堵塞了孔隙喉道并将水转流到了未波及孔隙中，而不是由于润湿性改变的作用。Doust 等（2010）总结道：无论驱油温度如何，在90℃的老化温度下低矿化度注水的效果最佳；黏土含量控制着低矿化度对原油采收率的影响；随着黏土含量的增加，由低矿化度注水引起的采收率增幅变大。另一个有趣的发现是，有机质的吸附对于砂岩中低矿化度水作用的显现至关重要。

尽管低盐度效应很明显，其他研究者却未在其研究中观察到微粒迁移（Lager 等，2008）。微粒运移被认为是低矿化度注水的辅助机理，而不是主要机理。

4.1.2 pH 值增加

McGuire 等（2005）通过碱水驱提高了原油采收率，他们认为：低矿化度注水引起系统的 pH 值升高是采收率提高的原因。Lager 等（2006）却不同意这一观点，指出：生成原位表面活性剂需要酸值为 0.2mg KOH/g 的原油；但是，在某些情况下，在酸值小于 0.05mg KOH/g 的油样上也观察到了矿化度效应。此外，在许多情况下，所观察到的 pH 值的增加不超过 1 个 pH 值单位，这使得介质略呈碱性，并不能解释原油采收率的提高。另外，文献中也并未断言：界面张力（IFT）降低到了超低值。

Austad 等（2010）提出了一种关于低矿化度注水作用的化学机理。这一机理表明，在 pH 值为 5~6 的储层条件下原本存在热力学化学平衡。低 pH 值的环境促使酸性组分和碱性组分均在黏土表面吸附。当低矿化度水注入时，化学平衡被打破，导致盐水和岩石之间发生作用，以补偿阳离子（尤其是 Ca^{2+}）的损失。这使得 H^+（向反应处）靠近，以补偿低矿化度水中 Ca^{2+} 的损失，从而导致黏土表面附近的 pH 值升高。局部 pH 值的升高导致吸附的碱性物质和酸性物质之间发生反应。

黏土矿物存在独特的阳离子交换现象。由于化学结构的破坏，大多数黏土矿物带有永久性的负电荷，因而它们需要阳离子以保持平衡。而这一平衡通常可由 Ca^{2+} 来保持；因低矿化度注水，H^+ 与 Ca^{2+} 在黏土表面按式（4.1）发生交换作用，从而导致 pH 值升高：

$$[Clay^- \cdots\cdots Ca^{2+}] + H_2O \longleftrightarrow [Clay^- \cdots\cdots H^+] + OH^- + Ca^{2+} \tag{4.1}$$

若注入高矿化度的水，则会出现 pH 值的相反变化，高矿化度注水导致 Ca^{2+} 与 H^+ 在黏土表面按式（4.2）发生交换作用，从而使 pH 值升高：

$$[Clay^- \cdots\cdots H^+] + H_2O \longleftrightarrow [Clay^- \cdots\cdots Ca^{2+}] + H^+ \tag{4.2}$$

4.1.3 多离子交换

Lager 等（2006）提出了多离子交换（MIE）机理，该机理认为：由低矿化度注水引起的岩石亲水性的增强是离子交换造成原油采收率提高的原因，这些交换离子会影响黏土矿物与原油中由二价离子（如 Ca^{2+} 和 Mg^{2+}）控制的表面活性物质之间的相互作用。有人提出了这样一种吸附模型，其中 Ca^{2+} 在带负电荷的黏土表面与带负电荷的羧基材料之间起着桥梁作用；这种有机物通过（黏土）表面的阳离子交换得以去除。

4.1.4 盐溶

Doust 等（2009）提出了盐溶机理，该机理认为：低矿化度水的注入破坏了各相（水/

油/岩石）之间的热力学平衡，导致极性有机成分在水中的溶解度发生变化。盐析和盐溶这两个术语在化学文献中是众所周知的，向系统中添加盐（盐析）会导致有机物在水中的溶解度降低；盐溶则是从水中去除盐而降低系统的矿化度，导致有机物的溶解度增加。有机物利用疏水部分周围的氢键形成水结构而溶解在水中。然而，无机物（如 Ca^{2+}、Mg^{2+} 和 Na^+）的存在会破坏这种水结构，降低这些有机分子的溶解度。因此，二价离子的浓度对有机物在水中的溶解度有更大的影响。将体系的矿化度降低到临界离子强度以下，可以增加有机物在水相中的溶解度，这种现象称为"盐溶"效应。Doust 等（2009）通过初步研究证实了这一机理，随着所用盐水矿化度的降低，高岭石悬浮液中 4-叔丁基苯甲酸的解吸作用增强。

4.1.5　砂岩润湿性改变

为研究低矿化度注水对砂岩岩石润湿性变化的影响，人们开展了大量的研究工作。Tang 和 Morrow（1999）以及 Lager 等（2007，2008）的研究工作总结了低矿化度注水效应发生的条件。砂岩作为一种多孔介质，必含有黏土，而黏土矿物的类型可能起到一定的作用。原油中必含极性成分，而注入的水中必含有二价阳离子，如 Ca^{2+} 和 Mg^{2+}。注入水的矿化度通常在 1000~2000 mg/L，甚至在使用矿化度高达 5000 mg/L 的注入水时也发现了（注水）影响。Ca^{2+} 与 Na^+ 的浓度起一定作用，流出水的 pH 值稍有增加。（人们）也观察到随着岩心两端压差增大可能发生的微粒运移。而关于温度的限制还未见报道，大多数实验都在低于 100 ℃ 的温度下进行。

润湿性变化被认为是低矿化度注水通过各种机理提高原油采收率的主要现象，这些机理包括微粒运移、pH 值升高导致界面张力（IFT）降低、多离子交换（MIE）和双电层膨胀。砂岩岩石润湿性的改变与黏土矿物、原油组分、含有高浓度二价阳离子（Ca^{2+}、Mg^{2+}）的地层水以及（注入）水的矿化度（1000~5000mg/L）有关（Tang 和 Morrow，1997；Suijkerbuijk 等，2012）。

据报道，润湿性改变机理和原油采收率与 McGuire 等（2005）进行的碱水驱和表面活性剂驱（实验）过程中发生的变化相似。在砂岩岩心低矿化度注水（1500mg/L）实验中，反应发生后 pH 值上升到 9，导致表面活性剂生成，这一过程降低了油水界面张力并增强了岩石的水湿性，从而提高了原油采收率。Zhang 和 Morrow（2006）提出了相似的机理，他们还注意到了流出盐水 pH 值的增加，但 pH 值从未超过 10。无黏土砂岩可证明黏土的重要性，因为低矿化度水可与之发生反应。此外，Austad（2008）也提出了类似的反应机理，当矿化度降低到临界值以下时，水相中的有机物便会发生溶解（盐溶现象）。由于体系矿化度的降低和热力学平衡的破坏，阳离子从黏土表面解吸附，这打破了黏土表面与有机物之间的桥梁并导致这些有机物从黏土表面解吸。这些阳离子的释放导致新的平衡溶液的 pH 值升高。而此体系 pH 值的升高又有助于释放更多的有机物并使该岩石体系更加亲水（Doust 等，2009）。

Lee 等（2010）通过双电层膨胀阐释了砂岩的润湿性变化机理，因为黏土表面有两层离子。第一层为仅含阳离子（即 Na^+、Ca^{2+}、Mg^{2+} 等）的"紧密层"（或"斯特恩层"）；第二层称为"扩散层"，它远离岩石表面，带负电的油组分可能进入该层。带负电的油组分有可能附着在紧密层中存在的二价体（即 Na^+、Ca^{2+}、Mg^{2+} 等）上，从而使黏土表面表现为亲油性。在低矿化度/工程注水的情况下，双电层膨胀，双电层厚度增加，油组分靠近紧密层而附着在二价物（阳离子）上的机会减少，因此，润湿性向水湿状态转变（图 4.2）。

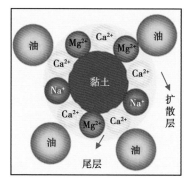

(a)双电层以及通过双电层吸附到二价体上的原油组分示意图

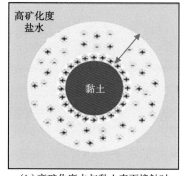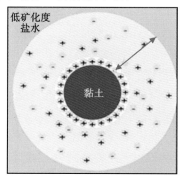

(b)高矿化度水与黏土表面接触时双层的厚度　　(c)低矿化度水与黏土表面接触时双层的厚度

图4.2　双层膨胀机理

Nasralla 和 Nasr-El-Din（2011）研究了注入水中阳离子类型和浓度对 Berea 砂岩岩心原油采收率的影响。他们认为润湿性改变是原油得以采出的原因，将油—盐水和岩石—盐水界面的带电性改变为呈高度负电性，增加了双电层的排斥力，并且形成更稳定的水膜和水湿状态，从而使原油采出。此外，他们还指出：与水的矿化度相比，阳离子类型对原油采收率的影响更为显著。Nasralla 等（2011a）支持了他们之前关于阳离子交换引起润湿性改变的研究结果，并指出：相较于三次采油，在二次采油阶段应用低矿化度注水更具优势。此外，在另一项研究中，Nasralla 等（2011b）指出：接触角（润湿角）随温度和压力的升高而增大，随矿化度的降低而减小。在随后的一项研究中，Nasralla 和 Nasr El-Din（2012）利用 Berea 砂岩岩心进行了不同岩心驱替实验，他们将双电层膨胀作为低矿化度注水的主要机理进行了探究。其研究结果表明：在二次采油阶段，双电层膨胀机理对于低矿化度注水（LSWI）提高原油采收率起着主导作用。然而，（LSWI）在三次采油阶段却无法继续提高原油采收率，因为他们认为油相的不连续性减弱了双电层的膨胀作用；此外，低矿化度注入水的 pH 值的降低减小了原油和岩石之间的排斥力，形成了更为不利的油湿体系。

Rivet 等（2010）利用 Berea 岩心和油藏岩心进行岩心驱替实验，他们认为：润湿性改变是低矿化度注水引起原油采收率提高的原因。而端点水相相对渗透率降低、端点油相相对渗透率升高的观察结果也佐证了这一机理。他们指出：当系统亲水时，水驱前缘更为稳定，这有助于延缓见水时间及提高原油采收率。此外，尽管岩石润湿性为混合润湿时其残余油饱和度最低，但水湿条件下的流度比最为有利。Mahani 等（2014）在黏土基质上进行玻璃微观模型实验，研究了润湿性改变的机理。他们观察到：注入高矿化度水之后，再注入低矿化度水，这时接触角减小了。他们强调了在与低矿化度盐水接触时原油分离动力学的重要性。此外，他们指出：仅是扩散并不能解释长期观察到的润湿性变化。电动离子输运可以解释阳离子桥接、直接化学键形成或酸碱作用的延迟。值得一提的是，此研究不存在黏滞力，主要存在浮力和附着力。Shehata 和 Nasr El-Din（2015）进行了几次 zeta 电位实验，以评估常见砂岩矿物的表面电荷及双电层膨胀的影响。其研究结果表明，在 25℃时单价阳离子比二价阳离子能更有效地提高 zeta 电位的绝对值。另外，随着注入盐水矿化度的降低，zeta 电位呈负向变化。

Sohrabi 等（2015）重点关注了流体与流体的相互作用，并将其作为 LSWI 改变润湿性的原因。他们指出，注入低矿化度的水会重新排列原油中的天然表面活性组分，这些组分以微分散的形式在油相中聚结。这些微分散体将先前吸附在岩石上的天然表面活性组分从岩石界面上解吸附，使岩石表面更加亲水。Sohrabi 等通过直接流动可视化（微观模型）、红外光谱表征原油特性、岩心驱替以及自发渗吸实验支持了他们的发现。他们认为，其提出的机理对砂岩和碳酸盐岩均适用，并且对于黏土的存在不敏感。

一些研究者认为，应该在纳米尺度上解释低矿化度（注）水对提高原油采收率的影响，而不应在微观尺度上对其进行解释。Hassenkam 等（2012）利用原子力显微镜（AFM）通过测量和绘制附着力来阐释砂岩中低矿化度注水提高原油采收率（的原理）。此实验工作中，作者使用了真实岩样表面、羧酸端基以及矿化度分别为 36000mg/L、1500mg/L 的人工海水溶液。他们观察到，当盐水溶液的矿化度从 36000mg/L 降低到 1500mg/L 时，石英颗粒表面和羧酸之间的附着力显著降低，这可能是低矿化度注水提高原油采收率的原因。在之后的研究中，Hassenkam 等（2014）进一步强调了使用力测图结合岩心试验的方法来收集关于 LSWI 提高原油采收率的信息。他们观察到：附着力下降的矿化度阈值为 5000~8000mg/L，这与岩心实验和储层测试的结果类似。因此，纳米尺度的观测是对微米甚至千米尺度观测研究的补充和解释。

在讨论了砂岩中低矿化度注水的机理之后，下一节将讨论其在碳酸盐岩中的应用机理。

4.2 碳酸盐岩中 LSWI/EWI 的机理

与砂岩相比，碳酸盐岩中低矿化度注水/工程注水提高原油采收率的机理并不复杂，因为大多数研究者认为此机理是润湿性的改变。

长期以来，油藏中的岩石—油—地层盐水系统之间早已建立了热力学平衡。然而，在某些情况下，这种平衡对润湿现象并不是有利的，特别是在碳酸盐岩中。Austad 和其他同行（Standnes 和 Austad，2000；Hognesen 等，2005；Zhang 等，2006；Puntervold 等，2007）进行了广泛的研究，这使得通过改变注入水的离子组成进而改变碳酸盐岩的润湿性并提高其原油采收率成为可能。润湿性改变是碳酸盐岩中应用低矿化度工程注水（技术）提高原油采收率的主要机理，也是人们最易接受的机理。有机物的解吸或溶解引起岩石表面电荷发生变化，因而可能出现润湿性改变的现象。

对于岩石表面电荷发生变化的情形，一些研究者将低矿化度水引起的润湿性改变与岩石表面上的硫酸盐吸附相关联。Strand 等（2003）利用白垩岩心、白云石岩心以及碳酸盐岩的不同晶体进行自发渗吸实验，研究了硫酸盐浓度对采用含阳离子表面活性剂溶液和不含阳离子表面活性剂溶液时的（岩石）润湿性变化的影响。他们发现，当存在表面活性剂时，硫酸盐在高温条件下并且低于一定浓度（1.0g/L）时其作为催化剂对于渗吸速度的影响更为明显。硫酸盐作为加快渗吸速度的催化剂，其作用来自其对岩石表面的黏附。这使得该位置因存在其他带正电的金属离子而部分带负电。他们还得出了以下结论：硫酸盐和阳离子表面活性剂均会影响润湿性变化，使碳酸盐岩在不同程度上变得更亲水；如图4.3所示，这种影响与碳酸盐岩的类型（方解石、白云石和菱镁矿）有关。

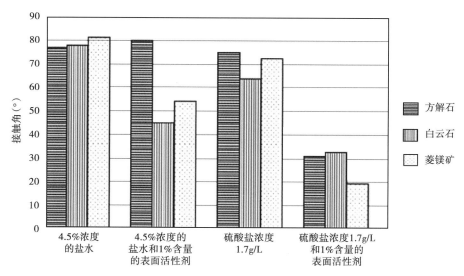

图 4.3　不同条件下测量的方解石、白云石和菱镁矿的前进接触角（据 Strand 等，2003）

此外，Hognesen 等（2005）使用海水在白垩岩心和石灰石岩心上进行渗吸实验，以研究阳离子表面活性剂和硫酸盐作为润湿改性剂的影响。他们发现，随着温度的升高（90~130℃），硫酸盐起催化剂的作用，在表面活性剂存在的情况下可提高渗吸采油的采收率。他们使用的硫酸盐浓度为 2.31g/L，这高于 Strand 等（2003）使用的硫酸盐浓度；由于岩石表面硫酸盐的吸附量增加，其原油采收率也更高。随着温度的升高，硫酸盐对碳酸盐（岩）表面的亲和力增加，这被证实为硫酸盐在较高温度下具有催化作用的原因。硫酸盐亲和力的增加使岩石局部电荷由正电荷变为负电荷，并与羧基发生排斥反应，从而使系统呈水湿性。使用阳离子表面活性剂和硫酸盐，除了能改变润湿性之外，还可以降低界面张力（IFT）。因此，提高系统的温度不仅可以分解羧基，而且能够增强硫酸盐在岩石表面的吸附作用，从而促使系统保持水湿。他们指出，使用硫酸盐作为润湿改性剂的好处受到初始盐水矿化度和温度的限制，因为有必要明确地知晓原生盐水中 Ca^{2+} 的浓度，以避免生成 $CaSO_4$ 沉淀。

应用低矿化度工程注水(LSWI/EWI)时引起的碳酸盐岩润湿性变化可通过高温下(>90℃)注入含有 SO_4^{2-} 和 Ca^{2+} 或 Mg^{2+} 或 Ca^{2+}、Mg^{2+} 皆含的水来实现。碳酸盐岩润湿性改变的两种机理如图4.4所示。随着温度的升高，硫酸盐对白垩岩表面的亲和力增大，硫酸盐产生吸附作用。同时，Ca^{2+} 吸附量增加，而岩石所带初始正电荷减少。因此，过量的 Ca^{2+} 靠近岩石表面，它们与羧基材料发生反应并将部分羧基物（从岩石表面）释放。此外，随着温度的升高，Mg^{2+} 的活性增强，Ca^{2+} 被 Mg^{2+} 取代；由于与 Mg^{2+} 发生反应，硫酸盐的活性降低。否则，会产生 $CaSO_4$ 沉淀，从而导致注入问题。这一点从图4.4（b）可看出；图4.4（a）说明了低温（低于100 ℃）的影响，此时Mg^{2+}变得不活跃，而Ca^{2+}和SO_4^{2-}变得更活跃，因而可能出现$CaSO_4$沉淀（Zhang等，2006）。由Ca^{2+}和SO_4^{2-}或Mg^{2+}和SO_4^{2-}引起的白垩岩表面润湿性改变的机理均在图2.1中示出，该图表示了Zhang等（2007）所做研究的实验结果，该研究结果证明了他们之前提出的机理。

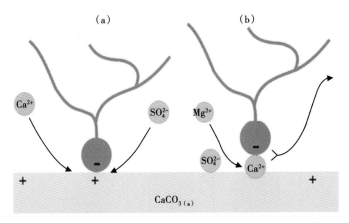

图4.4　提出碳酸盐岩中润湿性改变机理（据Zhang等，2006）

上述研究表明，随着温度的升高，润湿性的变化过程与Ca^{2+}、Mg^{2+}和SO_4^{2-}这些活性离子的存在有关。此外，据报道，白垩岩表面的Ca^{2+}与SO_4^{2-}以及Mg^{2+}与SO_4^{2-}之间的相互作用涉及化学机理，这导致原油中带负电荷的羧基材料在带正电荷的白垩岩表面发生取代作用。对于Ca^{2+}和SO_4^{2-}的相互作用而言，SO_4^{2-}在白垩岩表面的吸附量随温度的升高而增加。这导致岩石表面的正电荷减少，并且随着静电斥力的降低以及Ca^{2+}与羧基材料发生反应，更多的Ca^{2+}附着在白垩岩表面（Zhang等，2007）。此过程根据下式进行：

$$RCOO^- \text{—} Ca \text{—} CaCO_{3(s)} + Ca^{2+} + SO_4^{2-} \\ = RCOO \text{—} Ca^+ + Ca \text{—} CaCO_{3(s)} + SO_4^{2-} \tag{4.3}$$

在该反应中，SO_4^{2-}作为催化剂促进岩石表面附近Ca^{2+}浓度的升高。Strand等（2008a）观察到这一机理，随着温度的升高，SO_4^{2-}的存留量增加，而Ca^{2+}的浓度降低。Lager等（2007）报道了碳酸盐岩储层中的多离子交换（MIE）机理，即与吸附在岩石表面的羧酸盐发生阴离子交换。他们同意Strand等（2008a）关于碳酸盐岩中应用海水导致润湿性改变的机理。然而，他们指出：多离子交换不需要低的矿化度来降低原油饱和度，因为没有可膨胀的双电层。因此，他们并不指望低矿化度水能在碳酸盐岩储层中起作用。

利用海水提高白垩岩储层原油采收率的关键在于海水离子（SO_4^{2-}、Ca^{2+}及Mg^{2+}），这些离子能够改变岩石表面电荷、将吸附的羧基材料释放到岩石表面、改变岩石润湿性并最终提高原油采收率。当地层温度高（>90 ℃）并且地层水中无硫酸盐时，使用离子浓度高的海水来提高原油采收率，其效果更加显著（Yousef等，2011）。

另外，也有研究者报道，注入水的稀释是导致润湿性变化的原因。Yousef等（2011）证明，低矿化度注水导致原油采收率提高是由于润湿性的改变，而不是界面张力的降低。这一观点可在油藏条件下测量IFT（图4.5）和接触角（图4.6）得以验证。

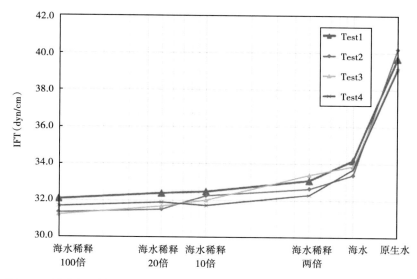

图 4.5 活油与不同稀释程度的海水之间界面张力的测量（据 Yousef 等，2011）

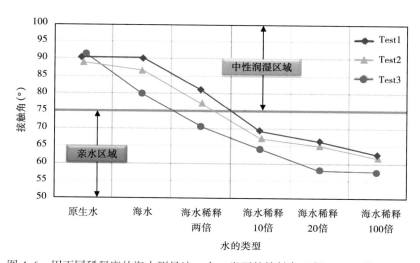

图 4.6 用不同稀释度的海水测量油—水—岩石的接触角（据 Yousef 等，2011）

结果表明，界面张力对低矿化度注水提高原油采收率并无太大影响，而润湿性改变才是采收率提高的主要机理。他们得出的结论是，低矿化度注水导致的采收率提高是由润湿性变化（流体与岩石的相互作用）引起的，而不是由界面张力降低（流体与流体的相互作用）引起的。他们还通过核磁共振（NMR）技术（图 4.7）观察到，由于表面电荷的变化和溶解过程，岩石的润湿性发生变化。后测试的振幅左移意味着由于碳酸盐岩表面电荷的变化引起松弛速率变高，而低振幅和高振幅之间的重叠则表明溶蚀作用导致孔隙增大。这项智能注水研究在水的矿化度上与白垩碳酸盐岩海水注入研究不同，该研究使用了稀释水，其不像其他研究注入的海水那样富含关键离子（SO_4^{2-}、Ca^{2+} 及 Mg^{2+}）。

在岩石发生溶解的情况下，会造成一些孔隙空间坍塌，原油因此而得以排出。压力、温度、孔隙水的化学特性以及原油均对润湿性的改变和岩石溶解引起的原油采出产生影响（Hiorth 等，2010）。Tang 和 Kovscek（2004）报告指出，由于温度升高，油田和露头的硅藻

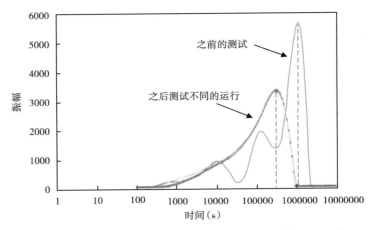

图 4.7 岩心驱替试验前后岩石样品的核磁共振 T_2 分布（据 Yousef 等，2011）

土中剩余油饱和度降低；他们还认为，高温下岩石润湿性的改变与微粒的产生有关。Schembre 和 Kovscek（2004）报道，油湿微粒从孔道壁上分离下来，暴露了下伏干净的水湿孔隙表面。Schembre 等（2006）通过吸水试验也观察到了微粒运移现象，微粒运移是润湿性改变的机理之一。Evje 和 Hiorth（2009）提出，电位离子（SO_4^{2-}、Ca^{2+} 及 Mg^{2+}）可通过分子扩散进入岩石基质；然后，产生一种非平衡态，这种非平衡状态导致水相中发生化学作用，并且水和岩石之间也产生相互作用（如岩石矿物的沉淀/溶解以及/或岩石表面电荷的变化），因此，岩石润湿性发生改变。

在注入水中含有 Mg^{2+} 和 SO_4^{2-} 的情况下，Mg^{2+} 能够置换白垩岩表面晶格中的 Ca^{2+}。SO_4^{2-} 的存在对这一置换过程起到催化作用（Zhang 等，2007）。置换方程如下：

$$RCOO^- - Ca - CaCO_{3(s)} + Mg^{2+} + SO_4^{2-}$$
$$=\!=\!= Mg - CaCO_{3(s)} + RCOO - Ca^+ + SO_4^{2-} \quad (4.4)$$

Strand 等（2008b）观察到了这种置换作用；通过在 130℃ 的温度下利用海水驱替石灰岩心，他们发现：Ca^{2+} 浓度增加，Mg^{2+} 浓度降低，而 SO_4^{2-} 的浓度不怎么受影响，这是因为 $CaSO_{4(s)}$ 的沉淀量很小。有文献报道了碳酸盐岩的泡水软化效应（水弱效应），即在吸入液中加入 SO_4^{2-} 和 Mg^{2+}，会导致白垩岩屈服点降低，高温下发生剧烈压实。这表明，海水成分和白垩岩石之间的化学作用会影响白垩岩的力学强度。吸入水的弱化作用与 $CaCO_3$ 的溶解性和 Mg^{2+} 取代 Ca^{2+} 的置换过程有关。Mg^{2+} 和 SO_4^{2-} 的存在增强了 Mg^{2+} 取代 Ca^{2+} 的置换作用。Ca^{2+} 和 Mg^{2+} 之间的尺寸差异造成了应力的变化以及白垩岩力学强度的降低。此外，与碳酸钙（$CaCO_3$）相比，生成的碳酸镁（$MgCO_3$）更易溶于水（Austad 等，2008）。

后来，Yousef 等（2012a）利用核磁共振、接触角测量和 zeta 电位研究进行了更多的研究工作，以证明润湿性改变是低矿化度注水（提高采收率）的原因。其结果表明，由于表面电荷的变化以及 $CaSO_4$ 的溶解，岩石润湿性发生变化，其中表面电荷可由 zeta 电位进行测量，而 $CaSO_4$ 的溶解可由核磁共振试验看出。此外，该研究还探讨了多价离子对于促进润湿性改变的重要性。他们通过测量 zeta 电位研究了岩石表面化学，zeta 电位描述了带电粒子上的电荷量。zeta 电位高的带电粒子具有自稳定性。碳酸盐岩表面电荷的变化可由核磁共振试验以及 zeta 电位测量结果证实，核磁共振试验显示了快速的表面弛豫，zeta 电位测量则表明表面电荷随着海水稀释液的持续注入而向更负的状态转变。Yousef 等（2012b）进一步研究了低矿化度注水在二次和三次采油中的适用性。其结果证明了低矿化度注水在三次采油中具有效果，因为连续注入海水、两倍稀释的海水、10 倍稀释的海水以及 100 倍稀释的海水后可提高原油采收率约 14%。此外，该研究表明低矿化度注水在二次采油中同样具有潜力，因为相较于注入海水，使用 10 倍稀释的海水时可提高原油采收率 10%。对比 Yousef 等（2011）的研究结果和本研究结果可发现，温度对于润湿性变化的影响也应重视。

Romanuka 等（2012）提出了应用低矿化度注水/工程注水改变碳酸盐岩润湿性的两种方法：增加注入盐水中表面作用离子（SO_4^{2-}、BO_3^{3-} 或 PO_4^{3-}）的浓度、降低注入盐水的离子强度。在后续研究中，他们利用储层碳酸盐岩和史蒂夫·克林特（Stevns Klint）岩样进行了自发渗吸实验。其研究结果表明，通过降低注入水的离子强度，可将储层碳酸盐岩样的原油采收率提高 4%～20%；通过增加（注入水的）硫酸根离子浓度也可提高史蒂夫·克林特岩样的原油采收率，而降低注入水的离子强度却未发现任何响应。Al-Harrasi 等（2012）通过自发（渗吸）实验和岩心驱替实验直接证明了低矿化度水驱对于阿曼（Omani）碳酸盐岩采油效果的影响。润湿性改变被认为是低矿化度注水（提高采收率）的原因，而观察到的界面张力的降低可忽略不计。此外，他们还注意到：在注入水矿化度较高时，LSWI/EWI 对于原油采收率的影响比文献中描述的要大。对于油层岩心，以降低离子强度的方式进行低矿化度注水时其对原油采收率的影响比采用硬化注入水的方式更显著。然而，Stevns-Klint 露头白垩岩心的情况却恰好相反，因为这些岩心对低矿化度注入水的硬化更为敏感，Romanuka 等（2012）通过自发渗吸实验也描述了类似的现象。

Al-Shalabi（2014）在低矿化度注水领域（尤其是在碳酸盐岩方面）进行了大量的数值研究，其研究工作包括：对当时发表的岩心驱替实验（Yousef 等，2011、2012b；Chandrasekhar 和 Mohanty，2013）的历史拟合、过程建模、现场规模预测、敏感性分析以及最优化。鉴于其广泛开展的研究工作，Al-Shalabi 等（2015）基于其研究结论解释了碳酸盐岩中低矿化度注水影响原油采收率的控制机理。他们指出，由于表面电荷变化以及（固体物质）溶解引起的润湿性改变可以圆满地解释碳酸盐岩中 LSWI 提高原油采收率的作用（图 4.8 和图 4.9）。

在大多数文献中，其强调的是 pH 值（变化）导致表面活性剂的原位生成；然而，Al-Shalabi 等（2015）强调了 pH 值（变化）引起的润湿性改变，当溶液的 pH 值超过零电点（PZC）时，岩石表面电荷发生变化，双电层（EDL）膨胀，岩石的润湿性改变，因而原油采收率提高。此外，他们还介绍了一种描述碳酸盐中低矿化度注水作用机理的流程图（图4.10）。

Alameri 等（2015）在油藏条件下进行了不同的岩心驱替实验，以研究碳酸盐岩中应用低矿化度注水提高原油采收率的主控机理。他们也进行了接触角和界面张力的测量。其结果表明，应用 LSWI 后，岩石的润湿性由油湿变为中性润湿。此外，表面活性剂的使用进一步地将岩石的润湿性从中性润湿变为水湿，这取决于注入水的矿化度。界面张力测量结果显示，随着注入水矿化度的降低，IFT 呈上升趋势，而这与进行 LSWI 时观测到的趋势不一致。他们测量了其中一个实验的出水离子浓度，其结果表明：Ca^{2+}、Mg^{2+}、Cl^- 及 SO_4^{2-} 的浓度降低，这可能与多离子交换有关。

Austad 等（2015）指出，含有硬石膏的碳酸盐（岩）具有低矿化度效应，这类似于之前报道过的海水（Zhang 等，2006）；但是，在这种情况下，通过硬石膏的溶解可就地提供硫酸盐。此外，他们还指出，在这种情况下，润湿性改变的效率主要与给定温度下硫酸盐协

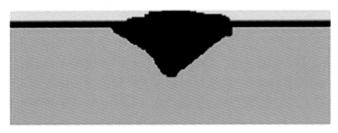

图 4.8　通过溶解改变润湿性（据 Al-Shalabi 等，2015）

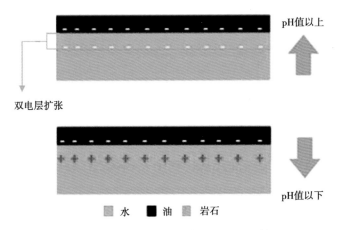

图 4.9　pH 诱导的润湿性改变（据 Al-Shalabi 等，2015）

同作用的增强和 NaCl 浓度的降低有关。

Mahani 等（2015）探究了方解石的溶解是否为低矿化度注水提高原油采收率的主要原因。他们在涂有石灰岩和志留系白云岩碎块的平面上进行了 zeta 电位和接触角的测量，观察到，将注入水从地层水变为稀释的海水后，接触角变小了。类似地，随着注入水的稀释，zeta 电位也出现下降的趋势。然而，与白云石相比，石灰石对于低矿化度注水的反应更强烈，这是因为白云石中原油与岩石表面之间的附着力比石灰石要大。此外，Mahani 等认为，岩石表面电荷的改变是低矿化度注水技术的主要机理，而溶解则是次要机理，这与油田尺度的观测结果相一致。

在随后的研究中，当矿化度、盐水成分和 pH 值在较大范围内变化时，Mahani 等（2016）通过测量不同类型碳酸盐岩（方解石、石灰石、白垩岩和白云石）的 zeta 电位，

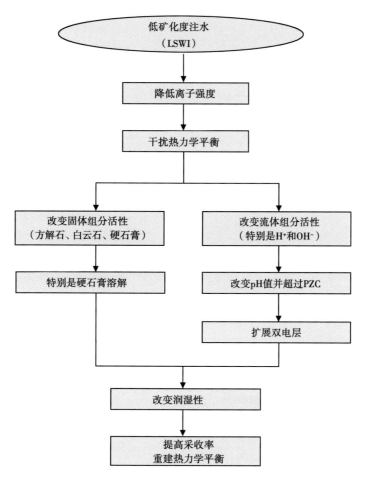

图 4.10 碳酸盐岩中 LSWI 机理的流程图（据 Al-Shalabi 等，2015）

（对碳酸盐岩中的低矿化度注水问题）进行了详细研究。另外，他们利用在 PHREEQC（Parkhurst 和 Appelo，2013）中运行的表面络合模型进行模拟运算，从而将计算的表面电位与测量的 zeta 电位联系起来。其结果表明，用 PHREEQC 计算的表面电位与测量的 zeta 电位是一致的，两者均随溶液 pH 值的升高而升高，并随注入水的稀释或硫酸盐浓度的升高而降低。这种趋势对所有岩石类型都是一致的；然而，各岩石电位值的差异很显著，这突出了岩石矿物学的重要性。

Jackson 等（2016）通过 zeta 电位测量研究了碳酸盐岩中低矿化度/工程注水提高原油采收率的控制机理。他们指出：LSWI/EWI 造成原油采收率的提高与"矿物—水界面"和"油—水界面"上 zeta 电位的变化均密切相关。根据其实验研究，他们首次强调：在碳酸盐岩储层条件下，油—水界面上的 zeta 电位可能是正的。盐水成分应以"在具有相同极性的每个界面上产生 zeta 电位"的方式进行改变，从而在各界面之间产生静电斥力并稳定矿物表面的水膜。他们强调了在储层条件（包括温度、压力、初始离子强度高的地层盐水以及原油）下，测量完整岩石（表面）上 zeta 电位的必要性。

Adegbite 等（2017）利用 CMG-GEM 模拟器对碳酸盐岩岩心驱油进行地球化学模拟，研究了工程注水（EWI）对原油采收率的影响机理。在这种情况下，工程用水是掺加硫酸盐

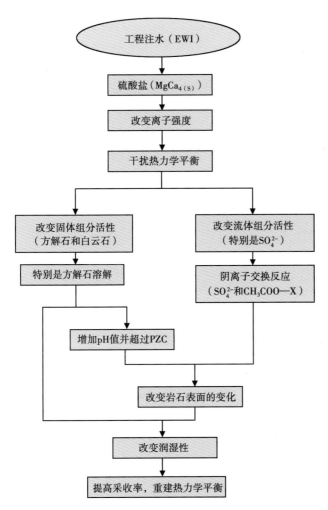

图 4.11　EWI 在碳酸盐中机理的流程图
（据 Adegbite 等，2017）

的协同作用海水。在模拟过程中，观察到了不同的地球化学反应，包括水相反应、溶解/沉淀以及离子交换。他们断定，润湿性改变是碳酸盐岩中应用工程注水提高原油采收率的原因。他们认为，润湿性的变化主要是由岩石表面电荷的变化以及方解石的溶解造成的。岩石表面电荷的变化，可能是由于 pH 值升高并且超过了零电点（PZC），或硫酸根离子与原油中的羧基之间发生了阴离子交换反应。作者给出了描述碳酸盐中 EWI 机理的流程图（图 4.11）。

通常情况下，作业者会尽量从注入水中去除硫酸盐，以避免酸化（产生硫化氢）和水垢问题。注入水中高浓度的硫酸盐与地层水中高浓度的钡或锶结合时，会引发结垢问题。硫酸钡和硫酸锶的垢体会引发地表和地下问题，并影响驱替前缘在生产井的突破（即生产井见水）。

使用修井和机械方法去除垢体，花费十分昂贵。而使用化学抑制剂可延缓结垢问题的出现，但需要持续监测（Healtherly 等，1994）。此外，由于硫酸盐还原菌（SRB）在生产井产生硫化氢气体，可能还会出现由细菌活动引起的储层酸化现象。使用硫化物清除剂和杀菌剂可以控制储层酸化问题（Maxwell 和 Spar，2005）。然而，原油采收率的提高或许可以说明阻垢剂和硫化物抑制剂花费的额外成本是合理的。

从上文的论述中可以看出，砂岩和碳酸盐岩中低矿化度注水/工程注水对于原油采收率的影响均存在不同的控制机理；因此，确定其主要机理至关重要，尤其是在这一技术的建模应用中，这将在第 5 章中进行介绍。

参 考 文 献

Adegbite, J. O., Al-Shalabi, E. W., Ghosh, B., 2017. Private communication. Alameri, W., Teklu, T. W., Graves, R. M., Kazemi, H., AlSumaiti, A. M., 2015. Experimental and numerical modeling of low-salinity waterflood in a low permeability carbonate reservoir. SPE Western Regional Meeting, Garden Grove, California, USA, Paper SPE 174001.

Al-Harrasi, A. S., Al Maamari, R. S., Masalmeh, S., 2012. Laboratory investigation of low salinity waterflooding for carbonate reservoirs. Abu Dhabi International Petroleum Exhibition & Conference, U. A. E, Paper SPE 161468.

Alotaibi, M. B., Nasr-El-Din, H. A., 2009. Chemistry of injection water and its impact on oil recovery in carbonate and clastic formations. SPE International Symposium on Oilfield Chemistry, The Woodlands, Texas, USA, Paper SPE 121565.

Al-Shalabi, E. W., 2014. Modeling the effect of injecting low salinity water on oil recovery from carbonate reservoirs. PhD Dissertation, The University of Texas at Austin, Texas, USA.

Al-Shalabi, E. W., Sepehrnoori, K., Pope, G., 2015. Geochemical interpretation of low salinity water injection in carbonate oil reservoirs. SPE Journal. 20 (6), 1212-1226.

Austad, T., 2008. Smart water for enhance recovery: A comparison of mechanisms in carbonates and sandstones. Force RP Work Shop: Low Salinity Water Flooding, the Importance of Salt Content in Injection Water, Norway.

Austad, T., Strand, K., Madland, M. V., Puntervold, T., Korsnes, R. I., 2008. Sea water in chalk: An EOR and compaction fluid. SPE Reserv. Eval. Eng. 11 (4), 648-654.

Austad, T., RezaeiDoust, A., Puntervold, T., 2010. Chemical mechanism of low salinity water flooding in sandstone reservoirs. SPE Improved Oil Recovery Symposium, Tulsa, Oklahoma, USA, Paper SPE 129767.

Austad, T., Shariatpanahi, S. F., Strand, S., Aksulu, H., Puntervold, T., 2015. Low salinity EOR – effects in limestone reservoir cores containing anhydrite: A discussion of the chemical mechanism. Energ. Fuel. 29 (11), 6903-6911.

Bernard, G. G., 1967. Effect of floodwater salinity on recovery of oil from cores containing clays. SPE California Regional Meeting, Los Angeles, California, USA, Paper SPE 1725.

Chandrasekhar, S., Mohanty, K. K., 2013. Wettability alteration with brine composition in high temperature carbonate reservoirs. SPE Annual Technical Conference and Exhibition, New Orleans, Louisiana, USA, Paper SPE 166280.

Computer Modeling Group (CMG), 2016. User technical manual.

Doust, A. R., Puntervold, T. P., Strand, S., Austad, T. A., 2009. Smart water as wettability modifier in carbonate and sandstone. 15th European Symposium on Improved Oil Recovery, Paris, France.

Doust, A. R., Puntervold, T. P., Austad, T., 2010. A discussion of the low salinity EOR potential for a North Sea sandstone field. SPE Annual Technical Conference and Exhibition, Florence, Italy, Paper SPE 134459.

Evje, S., Hiorth, A., 2009. A mathematical model for dynamic wettability alteration controlled by water-rock chemistry. Netw. Heterog. Media. 5 (2), 217-256.

Hassenkam, T., Matthiesen, J., Pedersen, C. S., Dalby, K. N., Stipp, S. L. S., Collins, I. R., 2012. Observation of the low salinity effect by atomic force adhesion mapping on reservoir sandstones. SPE Improved Oil Recovery Symposium, Tulsa, OK, USA, Paper SPE 154037.

Hassenkam, T., Andersson, H., Hilner, E., Matthiesen, J., Dobberschutz, S., Dalby, K. N., et al., 2014. A fast alternative to core plug tests for optimizing injection water salinity for EOR. SPE Improved Oil Recovery Symposium, Tulsa, OK, USA, Paper SPE 169136.

Healtherly, M. W., Howell, M. E., McElhiney, J. E., 1994. Sulfate removal technology for seawater waterflood injection. Offshore Technology Conference, Houston, Texas, USA, Paper SPE 7593.

Hiorth, A., Cathles, L. M., Madland, M. V., 2010. Impact of pore water chemistry on carbonate surface charge and oil wettability. Transport Porous Med. 85 (1), 1–21.

Hognesen, E. J., Strand, S., Austad, T., 2005. Waterflooding of preferential oil-wet carbonates: Oil recovery related to reservoir temperature and brine composition. SPE EUROPEC/EAGE Annual Conference, Madrid, Spain, Paper SPE 94166.

Jackson, M. D., Al-Mahrouqi, D., Vinogradov, J., 2016. Zeta potential in oil-water-carbonate systems and its impact on oil recovery during controlled salinity water-flooding. Sci. Rep. 6, 1–13, Article 37363.

Lager, A., Webb, K. J., Black, C. J. J., Singleton, M., Sorbie, K. S., 2006. Low salinity oil recovery-an experimental investigation. Proceedings of International Symposium of the Society of Core Analysts, Norway.

Lager, A., Webb, K. J., Black, C. J. J., 2007. Impact of brine chemistry on oil recovery. 14th European Symposium on IOR, Cairo, Egypt.

Lager, A. K., Webb, K. J., Collins, I. R., Richmond, D. M., 2008. LoSalt enhanced oil recovery: Evidence of enhanced oil recovery at the reservoir scale. SPE Symposium on Improved Oil Recovery, Tulsa, Oklahoma, USA, Paper SPE 113976.

Lee, S. Y., Webb, K. J., Collins, I., Lager, A., Clarke, S., O'Sullivan, M., et al., 2010. Low salinity oil recovery: Increasing understanding of the underlying mechanisms. SPE Improved Oil Recovery Symposium, Tulsa, Oklahoma, USA, Paper SPE 129722.

Ligthelm, D. J., Gronsveld, J., Hofman, J., Brussee, N., Marcelis, F., Linde, H. V. D., 2009. Novel waterflooding strategy by manipulation of injection brine composition. EUROPEC/EAGE Conference and Exhibition, Amsterdam, The Netherlands, Paper SPE 119835.

Mahani, H., Berg, S., llic, D., Bartels, W. B., Niasar, V. J., 2014. Kinetics of low-salinity-flooding effect. SPE Journal. 20 (1), 8–20.

Mahani, H., Keya, A. L., Berg, S., Bartels, W., Nasralla, R., Rossen William, 2015. Driving mechanism of low salinity flooding in carbonate rocks. SPE EUROPEC, Madrid, Spain, Paper SPE 174300.

Mahani, H., Keya, A. L., Berg, S., Nasralla, R., 2016. Electrokinetics of carbonate/brine interface in low-salinity waterflooding: Effect of brine salinity, composition, rock type, and pH on zeta-potential and a surface-complexation model. SPE Journal. In press.

Martin, J. C., 1959. The effects of clay on the displacement of heavy oil by water. Venezuelan Annual Meeting, Caracas, Venezuela, Paper SPE 1411.

Maxwell, S., Spar, I., 2005. Souring of reservoirs by bacterial activity during seawater waterflooding. SPE International Symposium on Oilfield Chemistry, The Woodlands, Texas, USA, Paper SPE 93231.

McGuire, P. L., Chatham, J. R., Paskvan, F. K., Sommer, D. M., Carini, F. H., 2005. Low salinity oil recovery: An exciting new EOR opportunity for Alaska's North Slope. SPE Western

Regional Meeting, Irvine, California, USA, Paper SPE 93903.

Nasralla, R. A., Nasr-El-Din, H. A., 2011. Impact of electrical surface charges and cation exchange on oil recovery by low salinity water. SPE Asia Pacific Oil and Gas Conference and Exhibition, Jakarta, Indonesia, Paper SPE 147937.

Nasralla, R. A., Nasr-El-Din, H. A., 2012. Double-layer expansion: Is it a primary mechanism of improved oil recovery by low-salinity waterflooding? SPE Improved Oil Recovery Symposium, Tulsa, Oklahoma, USA, Paper SPE 154334.

Nasralla, R. A., Alotaibi, M. B., Nasr-El-Din, H. A., 2011a. Efficiency of oil recovery by low salinity water flooding in sandstone reservoirs. SPE Western North American Region Meeting, Alaska, USA, Paper SPE 144602.

Nasralla, R. A., Bataweel, M. A., Nasr-El-Din, H. A., 2011b. Investigation of wettability alteration by low salinity water in sandstone rock. Offshore Europe Meeting, Aberdeen, UK, Paper SPE 146322.

Parkhurst, D. L., Appelo, C. A. J., 2013. Description of input and examples for PHREEQC Version 3—a computer program for speciation, batch-reaction, one-dimensional transport, and inverse geochemical calculations. US Geological Survey Techniques and Methods (Chapter 43 of Section A Groundwater, Book 6 Modeling Techniques, p. 497).

Puntervold, T., Strand, S., Austad, T., 2007. Waterflooding of carbonate reservoirs: Effects of a model base and natural crude oil bases on chalk wettability. Energ. Fuel. 21 (3), 1606-1616.

Rivet, S., Lake, L. W., Pope, G. A., 2010. A coreflood investigation of low-salinity enhanced oil recovery. SPE Annual Technical Conference and Exhibition, Florence, Italy, Paper SPE 134297.

Romanuka, J., Hofman, J. P., Ligthelm, D. J., Suijkerbuijk, B. M. J. M., Marcelis, A. H. M., Oedai, S., et al., 2012. Low salinity EOR in carbonates. SPE Improved Oil Recovery Symposium, Tulsa, Oklahoma, USA, Paper SPE 153869.

Rotondi, M., Callegaro, C., Masserano, F., Bartosek, M., 2014. Low salinity water injection: Eni's experience. Abu Dhabi International Petroleum Exhibition and Conference, Abu Dhabi, UAE, Paper SPE 171794.

Schembre, J. M., Kovscek, A. R., 2004. Thermally induced fines mobilization: Its relationship to wettability and formation damage. SPE International Thermal Operations and Heavy-Oil Symposium, and Western Regional Meeting, California, USA, Paper SPE86937.

Schembre, J., Tang, G. Q., Kovscek, A., 2006. Wettability alteration and oil recovery by water imbibition at elevated temperatures. J. Petrol. Sci. Eng. 52 (1-4), 131-148.

Shehata, A. H., Nasr-El-Din, H. A., 2015. Zeta potential measurements: Impact of salinity on sandstone minerals. SPE International Symposium on Oilfield Chemistry, The Woodlands, Texas, USA, Paper SPE 173763.

Smith, K. W., 1942. Brines as flooding liquids. Seventh Annual Technical Meeting. Mineral Industries Experiment Station, Pennsylvania State College, Pennsylvania, USA.

Sohrabi, M., Mahzari, P., Farzaneh, S. A., Mills, J. R., Tsolis, P., Ireland, S., 2015. Novel insights into mechanisms of oil recovery by low salinity water injection. SPE Middle East Oil &

Gas Show and Conference, Manama, Bahrain, Paper SPE 172778.

Standnes, D. C., Austad, T., 2000. Wettability alteration in chalk: 2. Mechanism for wettability alteration from oil-wet to water-wet using surfactants. J. Petrol. Sci. Eng. 28 (3), 123-143.

Strand, S., Standnes, D. C., Austad, T., 2003. Spontaneous imbibition of aqueous surfactant solution into neutral to oil wet carbonate cores: Effects of brine salinity and composition. Energ. Fuel. 17 (5), 1133-1144.

Strand, S., Puntervold, T., Austad, T., 2008a. Effect of temperature on enhanced oil recovery from mixed wet chalk cores by spontaneous imbibition and forced displacement using seawater. Energ. Fuel. 22 (5), 3222-3225.

Strand, S., Austad, T., Puntervold, T., Hognesen, E. J., Olsen, M., Barstad, S. M. F., 2008b. Smart water for oil recovery from fractured limestone: A preliminary study. Energ. Fuel. 22 (5), 3126-3133.

Suijkerbuijk, B. M. J. M., Hofman, J. P., Ligthelm, D. J., Romanuka, J., Brussee, N., van der Linde, H. A., et al., 2012. Fundamental investigations into wettability and low salinity flooding by parameter isolation. SPE Improved Oil Recovery Symposium, Tulsa, Oklahoma, USA, Paper SPE 154204.

Tang, G., Kovscek, A. R., 2004. An experimental investigation of the effect of temperature on recovery of heavy-oil from diatomite. SPE Journal. 9 (2), 163-179.

Tang, G. Q., Morrow, N. R., 1997. Salinity temperature, oil composition and oil recovery by waterflooding. SPE Reserv. Eng. 12 (4), 269-276.

Tang, G. Q., Morrow, N. R., 1999. Influence of brine composition and fines migration on crude oil/brine/rock interactions and oil recovery. J. Petrol. Sci. Eng. 24 (2-4), 99-111.

Yousef, A. A., Al-Saleh, S., Al-Kaabi, A., Al-Jawfi, M., 2011. Laboratory investigation of the impact of injection-water salinity and ionic content on oil recovery from carbonate reservoirs. SPE Reserv. Eval. Eng. 14 (5), 578-593.

Yousef, A. A., Al Saleh, S., Al Jawfi, M., 2012a. The impact of the injection water chemistry on oil recovery from carbonate reservoirs. SPE EOR Conference at Oil and GasWest Asia, Muscat, Oman, Paper SPE 154077.

Yousef, A. A., Al Saleh, S., Al Jawfi, M., 2012b. Improved/enhanced oil recovery from carbonate reservoirs by tuning injection water salinity and ionic content. SPE Improved Oil Recovery Symposium, Tulsa, Oklahoma, USA, Paper SPE 154076.

Zhang, P., Tweheyo, M. T., Austad, T., 2006. Wettability alteration and improved oil recovery in chalk: The effect of calcium in the presence of sulfate. Energ. Fuel. 20 (5), 2056-2062.

Zhang, P., Tweheyo, M. T., Austad, T., 2007. Wettability alteration and improved oil recovery by spontaneous imbibition of seawater into chalk: Impact of the potential determining ions Ca^{2+}, Mg^{2+}, and SO_4^{2-}. Colloid. Surface. A. 301 (1-3), 199-208.

Zhang, Y., Morrow, N. R., 2006. Comparison of secondary and tertiary recovery withchange in injection brine composition for crude oil/sandstone combinations. SPE Symposium on Improved Oil Recovery, Tulsa, Oklahoma, USA, Paper SPE 99757.

5 LSWI/EWI 技术在砂岩和碳酸盐岩中的建模

本章介绍了低矿化度注水/工程注水数值模拟中使用的不同方法。

5.1 一般建模方法

文献中很少有关于低矿化度注水/工程注水建模的研究,因为研究者往往将他们的工作重点放在验证该技术的适用性以及理解其提高原油采收率的相关机理上面。在本节中,重点介绍了砂岩和碳酸盐岩中 LSWI/EWI 的一般建模工作。

最简单的 LSWI/EWI 建模方法是在两组相对渗透率曲线、毛管压力曲线和剩余油饱和度值之间应用比例(插值)系数进行线性插值,这两组值中一组表示油湿状态(初始状态 HS),一组代表水湿状态(最终状态 LS),使用比例系数如下:

$$
\begin{aligned}
K_{rl}^{altered} &= \theta_1 \times K_{rl}^{HS} + (1-\theta_1) \times K_{rl}^{LS} \\
P_{cow}^{altered} &= \theta_2 \times p_c^{HS} + (1-\theta_2) \times p_c^{LS} \\
S_{or}^{altered} &\theta_3 \times S_{or}^{HS} + (1-\theta_3) \times S_{or}^{LS}
\end{aligned}
\tag{5.1}
$$

式中 θ_1,θ_2 和 θ_3——插值系数;

K_{rl}——相 l 的相对渗透率;

p_c——毛管压力。

通常情况下,油湿状态代表高矿化度注入周期,而水湿状态代表低矿化度注入周期。

Jerauld 等(2008)基于岩心驱替实验和单井试验,采用后面的方法预测了油田尺度下低矿化度注水的原油采收率。他们提出的模型将盐视为水相中附加的单一集中组分,水相的密度和黏度、相对渗透率和毛管压力曲线均取决于矿化度。此外,该模型还考虑了黏土含量和弥散的影响,将弥散度赋值为系统长度的 5%。其代表(矿化度达上限和下限时)毛管(压力)曲线和相对渗透率曲线的方程如下:

$$
\begin{aligned}
K_{rw} &= \theta \times K_{rw}^{HS}(S^*) + (1-\theta) \times K_{rw}^{LS}(S^*) \\
K_{ro} &= \theta \times K_{ro}^{HS}(S^*) + (1-\theta) \times K_{ro}^{LS}(S^*) \\
p_{cow} &= \theta \times p_{cow}^{HS}(S^*) + (1-\theta) \times p_{cow}^{LS}(S^*) \\
\theta &= (S_{orw} - S_{orw}^{LS})/(S_{orw}^{HS} - S_{orw}^{LS})
\end{aligned}
\tag{5.2}
$$

为了研究低矿化度水驱前缘的稳定性,Tripathi 和 Mohanty(2008)模拟了三次采油阶段低矿化度注水驱油的不稳定情况,他们没有考虑润湿性变化对毛管力的影响。其一维解析解表明,由于不利流度比,两个驱替区中的后一个(即低矿化度注水区)可能存在不稳定。利用黏性指进理论和二维数值模拟模型也证实了这一点。他们得出的结论是,低矿化度注水预计会在后部前缘出现轻微不稳定。

对于常规介质和裂缝介质，Wu 和 Bai（2009）提出了模拟润湿性改变的数学模型，润湿性改变由低矿化度水驱造成。在该模型中，盐被视为水相中的一个附加组分，通过平流和扩散（包括在岩石表面的吸附作用）进行输运。他们认为相对渗透率、毛管力和残余油饱和度与矿化度相关，从而进行提高采收率的模拟。

有文献强调了润湿性动态变化模型的重要性。利用 Yu 等（2009）提出的一维模型可对 Stevns-Klint 白垩岩心低矿化度注水的自发渗吸实验进行模拟。该模型考虑了分子扩散、盐的吸附、重力和毛管力，以模拟润湿性的动态变化过程。岩石润湿性由油湿到水湿的变化引起毛管压力曲线和相对渗透率曲线的动态变化，这种变化取决于润湿转换剂或盐的浓度。此外，该模型中的盐浓度满足 $c_a+w_a=1$（摩尔分数），其中 c_a 是水相中盐组分的质量分数，而 w_a 是水相中水组分的质量分数。另外，还引入了盐在岩石上的吸附等温线，并将其作为盐浓度的函数即 $c_r=f(c_a)$。利用朗缪尔（Langmuir）吸附等温关系表示盐的吸附（c_r）对盐浓度（c_a）的依赖程度，该关系中常数 a_1、a_2 为正。在油湿和水湿状态之间进行插值，以此考虑润湿性变化对毛管压力和相对渗透率的影响，表示如下：

$$K_{rl} = F \times K_{rl}^{ow} + (1-F) \times K_{rl}^{ww}$$
$$p_c = F \times p_c^{ow} + (1-F) \times p_c^{ww}$$
$$F(c_r) = \frac{a^* - c_r}{a^*} \tag{5.3}$$
$$a^* = \frac{a_1}{a_2}$$
$$c_r = \frac{a_1 c_a}{1 + a_2 c_a}$$

实验数据与模拟数据之间的历史拟合效果良好，这说明：与固定的润湿性改变相比，润湿性的动态变化显得尤为重要。对于润湿性动态变化的情形，毛管压力取决于吸附在岩石表面的盐浓度，并随着岩石由油湿变为水湿而逐渐变化。然而，对于固定的润湿性变化情形，是直接使用最终润湿性改变状态下的毛管压力曲线（其与盐浓度无关），这将高估原油采收率。Alameri 等（2015）进行了岩心驱替实验，并使用一维两相 Buckley-Leverett 模型对其进行数值模拟。通过调整相对渗透率函数解释润湿性的变化，他们采用数值模型成功拟合了实验结果。

为了说明微粒运移对原油采收率的影响，Lemon 等（2011）提出了一个简明的微粒运移解析模型，用以解释低矿化度注水对于原油采收率的提高。该模型是在结合修正的颗粒分离模型和层饼状储层中 Dietz 水驱模型的基础上提出的。通过室内岩心驱油实验对比，证明该模型对于单相流是适用的。他们指出，当黏度比增加以及储层非均质性增强时，微粒运移的影响更加显著，但该模型对于油水两相系统的适用性还有待验证。Aladasani 等（2012a）报告称，除非考虑黏土含量值和润湿性指数，否则残余油饱和度（S_{or}）预测模型的置信水平较差。此外，对于同一研究的油藏模拟表明，原油采收率的增幅取决于初始的和最终的润湿状态。在强水湿条件下，油相渗透率的增加是其采油机理，而在弱水湿条件下，毛管压力较低是原油采收率提高的原因。另外，在弱油湿和强油湿条件下，油相的相对渗透率影响采收率的提高幅度。

Aladasani 等（2012b）指出，中性润湿状态是润湿性改变的理想条件，因为此时毛管压力低,而油相相对渗透率的增加是主要的采油机理。此外,通过拟合 Yousef 等(2011)的实验结果,他们验证了模拟器及其所提出的采油机理的有效性。他们认为残余油饱和度、接触角、界面张力均与盐浓度之间存在线性关系,上述验证过程也是在此基础上进行的。但是,这种历史拟合存在如下缺点:原始实验室数据没有在数据拟合中显示,整体采收率值不能准确拟合,采收率的初始跃迁没有正确拟合,没有拟合压降数据;由于超过了临界捕集数,未考虑捕集数对残余油饱和度的影响。

有文献提出了对低矿化度注水岩心驱替(实验数据)进行历史拟合的系统方法。Al-Shalabi 等(2014)提出了一种系统的历史拟合方法(表 5.1),该方法可拟合已发表的 LSWI 岩心驱替实验结果,包括 Yousef(2011,2012)的实验以及 Chandrasekhar 和 Mohanty(2013)的实验。通过对所研究的岩心驱替实验的原油采收率和压降数据进行历史拟合,该研究强调了残余油饱和度、毛管压力曲线、相对渗透率参数(端点和 Corey 指数)对低矿化度注水的敏感性。值得一提的是,前面讨论的 LSWI/EWI 模型在确定毛管压力(p_c)和相对渗透率(K_r)时对油相和水相作了类似的处理,即油水两相参数均以相似的比例系数进行改变。Al-Shalabi 等(2015a,2015b)指出:与水相相对渗透率相比,油相相对渗透率对 LSWI 更为敏感,因此,应分别处理水相和油相。

表 5.1 六个已提出的 LSWI 历史拟合方法的总结

方　　法		描　　述
方法一(S_{or} 的贡献)		改变 S_{or} 保持 K_r 与海水注入周期时的值相同
方法二 (S_{or} 和 K_r 的贡献)	第一种方法	改变 Corey 指数,保持端点相对渗透率与海水注入周期时的值相同
	第二种方法	改变端点相对渗透率,保持 Gorey 指数与海水注入周期时的值相同
	第三种方法	改变 Gorey 指数和端点相对渗透率
方法三	单一 ωK_n	无法完成历史拟合
	ωK_{n1}(水)和 ωK_{n2}(油)	可成功进行历史拟合
方法四		简单 S_{or} 线性插值模型(ωS)
方法五		水相相对渗透率参数与海水注入周期相似
方法六		在润湿性发生改变的注入周期内采用水相相对渗透率的平均值(常数)

基于后来的发现,他们提出了几种模型,用以研究低矿化度注水对于碳酸盐岩采油的影响,并对其进行了简要讨论。值得一提的是,在砂岩中也可采用相同的方法。应该注意的是,该研究的模拟和建模工作是利用 UTCHEM 模拟器完成的,UTCHEM 是美国得克萨斯大学奥斯汀分校开发的一个三维非等温化学组分流模拟器(UTCHEM 技术文档,2000)。此外,在所提出的模型中忽略了毛管压力的贡献,其原因如下:模拟运行中假定了不同的毛管压力曲线,但其影响很小;研究者使用了较长的岩心;以及在室内岩心驱替实验中应用了较高的压力梯度。

Al-Shalabi 等(2014c)提出了一个经验性的 LSWI 模型,而 UTCHEM 模拟器应用了该经验模型。当保持水相相对渗透率曲线不变时,此模型显示了残余油饱和度、端点油相渗透率以及油相指数的变化。假设水相渗透率参数保持不变是因为这些参数的变化在所研究的岩心驱替实验中可忽略（Yousef 等，2011、2012；Chandrasekhar 和 Mohanty，2013）。如果实验数据可用，稀释海水注入周期内可考虑使用平均水相渗透率常数；否则，假设水相渗透率为常量，其等于海水注入周期内（的水相渗透率值）。在该模型中，残余油饱和度、油相相对渗透率端点和油相相对渗透率指数是接触角的函数，在接触角测量的基础上，利用三次多项式将接触角表示为注入水总矿化度的函数。原生水矿化度和注入水矿化度为输入参数。注入盐水与储层原生盐水发生混合，在混合过程中，"矿化度波"发生移动并改变每个网格内的接触角，而接触角可用所提出的多项式函数确定。一旦接触角发生变化，便可利用所提出的关系式计算残余油饱和度、油相相对渗透率指数以及油相相对渗透率端点。在 UTCHEM 模拟器中进行运算的方程如下：

$$S_{\text{or(Altered)}} = \omega S \times S_{\text{or}}^{\text{LS}} + (1 - \omega S) \times S_{\text{or}}^{\text{HS}} \tag{5.4}$$

$$\omega S = \frac{\theta - \theta^{\text{HS}}}{\theta^{\text{LS}} - \theta^{\text{HS}}} \tag{5.5}$$

$$K_{\text{ro}}^* = \frac{K_{\text{ro}}^{*\text{LS}} - K_{\text{ro}}^{*\text{HS}}}{1 + \left(\dfrac{\theta}{a}\right)^e} + K_{\text{ro}}^{*\text{HS}} \tag{5.6}$$

$$n_{\text{o}} = \frac{n_{\text{omax}} - n_{\text{o}}^{\text{LS}}}{1 + \left(\dfrac{\theta}{a^*}\right)^{-e}} + n_{\text{o}}^{\text{LS}} \tag{5.7}$$

Yousef 等（2011）进行历史拟合的累计采收率数据如图 2.2 所示，其数据拟合图和使用的相对渗透率曲线分别绘于图 5.1 和图 5.2 中。

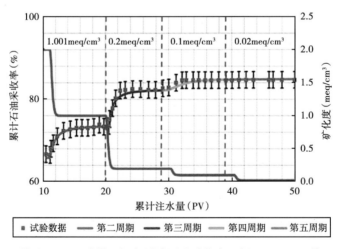

图 5.1　利用 LSWI 经验模型拟合累计原油采收率（据 Al-Shalabi 等，2014c）

在后来的研究中，Al-Shalabi 等（2014d）提出了一个可以体现低矿化度注水对提高微观驱油效率的主要影响的模型，他们残余油饱和度作为捕集数（N_T）的函数。此模型被称为"LSWI 基本模型"。该模型利用不同的捕集数和捕集参数（T_1）调整毛管去饱和曲线（CDC），从而得到了基本的微观驱替效率。该模型的主要特点是：接触角是双电层（EDL）

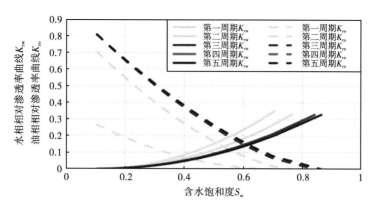

图 5.2　LSWI 经验模型中使用的相对渗透率曲线（据 Al-Shalabi 等，2014c）

厚度的函数，捕集参数是接触角的函数，残余油饱和度是捕集数的函数，油相相对渗透率参数是 $TN_T^{\tau*}$（$TN_N^{\tau*}$）的函数而水相相对渗透率参数保持不变。模型考虑了溶液的总/化学计量离子强度（I），其计算公式如下：

$$I = \frac{1}{2} \sum_i (z_i^2 m_i) \tag{5.8}$$

式中　z_i——流体组分 i 的电荷量；

　　　m_i——流体组分 i 的质量摩尔浓度，mol/kg 水。

算得的离子强度可用于计算双电层（EDL）的厚度或德拜（Debye）长度（κ^{-1}），德拜长度表示如下（Stumm 和 Morgan，1996）：

$$\kappa^{-1} = \sqrt{\frac{\varepsilon_r \varepsilon_0 k_B T}{2 N_A e^2 I}} \tag{5.9}$$

式中　ε_r——相对介电常数，油藏温度下水的相对介电常数为 55.42；

　　　ε_0——真空介电常量或真空电容率，8.854×10^{-12} F/m；

　　　k_B——玻尔兹曼常数，1.381×10^{-23} J/K；

　　　T——油藏温度；

　　　N_A——阿伏伽德罗常数，6.022×10^{23} 1/mol；

　　　e——基本电荷或元电荷，1.602×10^{-19} C；

　　　I——总离子强度或化学计量离子强度，mol/m³。

这种计算方法表明，随着注入水矿化度的降低，溶液的离子强度降低，双电层（EDL）的厚度增加，导致接触角减小，从而使岩石更亲水。下面列出了一些相关的方程式（Pope 等，2000；Jin，1995）：

$$S_{lr} = S_{lr}^{high} + \frac{S_{lr}^{low} - S_{lr}^{high}}{1 + T_l(N_{T_l}^{T_l^*})} \tag{5.10}$$

$$N_{T_l} = \frac{\left| \vec{K} \cdot [\nabla \Phi_{l'} + g(\rho_{l'} - \rho_l)D] \right|}{\sigma_{ll'}} \tag{5.11}$$

$$\theta = A_t + \frac{B_t}{\kappa^{-1}} \tag{5.12}$$

式中 θ——接触角,(°);

A_t 和 B_t——拟合参数;

κ^{-1}——双电层厚度,nm;

τ^*——体现了非均质性和原始含油饱和度对残余油饱和度的影响;

l——被驱替相;

l'——驱替相;

$\nabla \Phi_{l'}$——流动势梯度;

K——渗透率;

g——重力常量;

$\sigma_{ll'}$——驱替相和被驱替相之间的界面张力。

例如,图 5.3 显示了 Yousef 等(2011)的毛管去饱和曲线模型,在捕集数不变时,残余油饱和度随着捕集参数的增加而降低,这说明(海水稀释倍数的增加导致)岩石的水湿性增强。

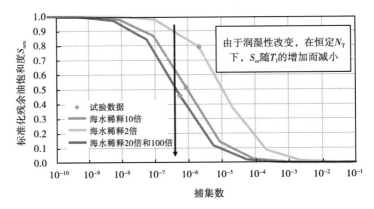

图 5.3 基本 LSWI 模型中使用的 CDC 模型(据 Al-Shalabi 等,2014d)

对于人们提出的每一个模型而言,均存在一定的适用范围及其应遵循的判别准则(筛选标准)。Al-Shalabi(2014)讨论了模型的筛选标准。他们认为无法得到通用的 LSWI 模型,其原因如下:

(1)岩石类型(砂岩、碳酸盐岩)很重要,因为岩石类型会影响润湿性改变过程,而润湿性改变可导致原油采收率大幅提高。

(2)采油阶段(二次采油或三次采油)也很重要。

(3)盐水的注入方式对于油—水—岩石系统中发生的相互作用存在一定影响,盐水注水方式包括降低总矿化度(离子强度)的 LSWI 和将注入水进行软化或硬化处理的 EWI 两种。

(4)岩石的初始润湿状态(油湿、弱油湿、中性润湿、弱水湿、水湿)很关键,因为油湿岩石中低矿化度注水的效果更为显著。

从前面几点来看,所提出的模型考虑了以下条件:

(1)岩石类型为碳酸盐岩。

(2)处于二次采油或三次采油阶段。

(3) 采用降低总矿化度的盐水注入方式即 LSWI。
(4) 岩石的初始湿润状态为弱油湿到混合润湿。

5.2 LSWI/EWI 的现场规模建模与优化

对于低矿化度注水的现场应用，Al-Shalabi 等（2015c）利用四分之一五点井网模型研究了 LSWI 对驱油效率和体积波及效率的影响，该模型是将 Yousef 等（2011）岩心驱替模型进行尺度放大而建立的。分流量法和示踪法估计的低矿化度注水体积波及系数具有一致性。图 5.4 为描述四分之一五点井网模型的一个示例，该模型显示了应用 LSWI 对于体积波及效率的提高。

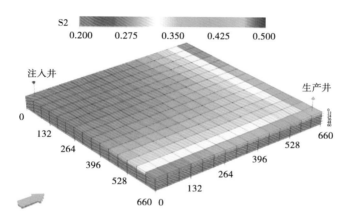

图 5.4　注入 6PV 时的剩余油饱和度 3D 图（四分之一五点法井网模型—LSWI 周期）
（据 Al-Shalabi 等，2015c）

同样地，图 5.5 给出了一个分流量曲线示例图，该图也显示了应用低矿化度注水（技术）对于驱替效率的提高。

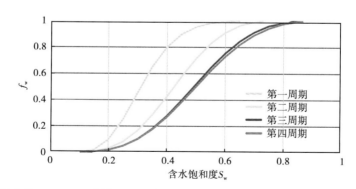

图 5.5　分流曲线（LSWI 经验模型—四分之一五点法井网模型）（据 Al-Shalabi 等，2015c）

Craig（1993）指出，面积波及系数与平均饱和度下的流度比具有最好的相关性，平均流度比（$\overline{M}$）表示如下：

$$\overline{M} = \frac{(\lambda_{r1} + \lambda_{r2})|_{S_1 = \bar{S}_1}}{(\lambda_{r1} + \lambda_{r2})|_{S_1 = \bar{S}_{1I}}} \tag{5.13}$$

式中 λ_{r1}——水的相对流度；

　　　λ_{r2}——油的相对流度；

　　　S_1——平均含水饱和度；

　　　S_{1I}——原始含水饱和度。

平均流度比是驱替前缘之后平均含水饱和度下的总相对流度与原始含水饱和度下的总相对流度之比。迄今为止，仍然认为波及效率与平均饱和度下的流度比相关，尽管从物理的角度看，平均饱和度既不存在也不精确。Al-Shalabi 等（2015c）提出了一个新的三次采油中的流度比定义，该定义下的流度比与体积波及系数具有最好的相关性并且在物理上也讲得通。其定义的流度比表示如下：

$$M = \frac{\lambda_{r1}|_{S_1 = S_{wf}}}{(\lambda_{r1} + \lambda_{r2})|_{S_1 = S_{OB}}} \tag{5.14}$$

在这种情况下，流度比定义为驱替前缘处水的相对流度与集油带前缘处的总相对流度之比。这一定义更具物理意义，因为它沿用了流度比的定义即驱替流体的流度与被驱替流体的流度之比，并且其选择的饱和度在物理上是真实存在的。分析分流量曲线以找到每一注入周期内驱替前缘与集油带前缘处的饱和度，这对于计算相应的相对流度的值是有必要的。图 5.6 示出了一个例子，数字 3 表示驱替前缘饱和度点，数字 2 表示集油带前缘饱和度（点）。这种编号显示了饱和度变化剖面，其始于生产井条件（数字 1）而止于注入井条件（数字 4）。计算集油带前缘饱和度下的总相对流度的例子如图 5.7 所示。

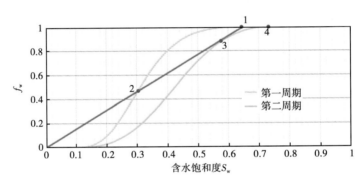

图 5.6　海水（第一周期）和低矿化度水（第二周期）注入周期内的分流量曲线分析
（据 Al-Shalab 等，2015c）

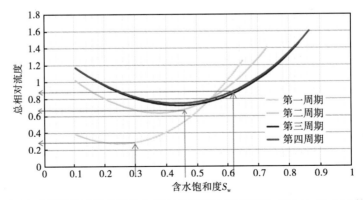

图 5.7　不同注采周期集油带前缘饱和度下总相对渗透率计算（据 Al-Shalabi 等，2015c）

对于任何 IOR 技术而言，通过突出最重要的设计参数并优化整个过程，从而将风险和不确定性降至最低均是其重要内容。Al-Shalabi 等（2014e）通过考虑表 5.2 所示的共七个不确定参数和决策参数，在油田尺度下优化了碳酸盐岩储层中进行的低矿化度注水过程。

表 5.2 二级分数阶乘设计参数（据 Al-Shalabi 等，2014e）

变量			代码符号	最小数值	最大数值
反应变量		最大累计采油量（%）	—	—	—
过程变量	不确定变量	储层非均质性 V_{DP}	A	0.60	0.85
		K_v / K_h	B	0.01	1.0
		S_{orw}	C	0.294	0.4
		S_{oi}	D	0.70	0.90
	决定变量	海水段塞大小（PV）	E	1.0	3.0
		LSWI	F	1.0	3.0
		注入水矿化度（meq/mL）	G	0.1	1.001

利用集成了 LSWI 经验模型的 UTCHEM 模拟器对低矿化度注水的五点井网试验模型进行了模拟。将实验设计（DOE）方法用于敏感性分析以及不重要参数的筛查（图 5.8）。

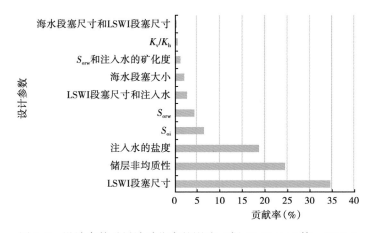

图 5.8 设计参数对累计采收率的影响（据 Al-Shalabi 等，2014e）

采用响应面分析法（RSM）优化低矿化度注水的累积原油采收率，该方法需要建立（采收率）响应面（图 5.9）。在此研究中，"设计专家"软件中的数值优化选项被用于优化过程（设计专家技术手册，2011）。其敏感性分析表明，三个最重要的设计参数是 LSWI 段塞大小、储层非均质性以及注入水矿化度，其中储层非均质性由 Dykstra-Parson 系数（V_{DP}）表征。此外，他们还提出了优化设计方案，并将设计结果与 UTCHEM 的模拟结果进行了对比验证。

此外，Attar 和 Muggeridge（2015）利用 Jerauld 等（2008）和 Dang 等（2013）的模型结合涡度异质性指数评估了低矿化度注水数值模拟中非均质性的影响。他们发现，与传统的海水注入相比，低矿化度注水的原油采收率更高，而这与非均质程度无关。另外，对于非均质储层，由于高渗透区与低渗透区之间的窜流会稀释低矿化度段塞，他们认为最佳的段塞大

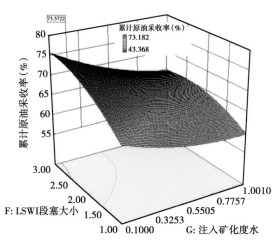

图5.9 不同LSWI段塞大小（PV）和注入水矿化度（meq/mL）下的累计采收率三维曲面图（据Al-Shalabi等，2014e）

小应介于0.6~0.8 PV。通常情况下，低的矿化度是通过在第二次和第三次注入过程中注入有限长度的段塞来实现的。这是因为产出水一般要回注，而产出水的含盐量往往比注入的低矿化度水更高。

此外，Dang等（2015）利用他们之前提出的LSWI模型（Dang等，2013）来强调黏土分布和黏土含量对原油采收率的重要影响。他们提出了一种模拟黏土分布和含量的方法。同时，还提出了一种新的基于井位的优化理念（原理），以充分利用黏土的分布。某一区域的黏土含量越高，造成该区域离子交换量越高，因此，润湿性向水湿状态转变的程度也越高，这种润湿性改变导致原油采收率更高。

5.3 LSWI/EWI 示踪模型

人们采用示踪剂模拟低矿化度注水。示踪剂通常用于追踪流体运动的细节，包括驱替前缘、突破点、波及系数以及流动障碍的检测等。示踪流动的建模有助于解释复杂的现场示踪试验，示踪建模使用平流扩散方程，并且在大多数实际情况下，通常忽略扩散项。示踪模型包括主动示踪和被动示踪以及分配性示踪和非分配性示踪。被动示踪剂指不改变其所在相的物理性质的示踪剂，主要用于追踪注入流体。主动示踪剂用于模拟物理和化学作用，使用黑油或组分模拟器无法模拟这些作用，例如聚合物引起的水黏度的变化、矿化度对润湿性、残余油、相对渗透率和毛管压力的影响，水的PVT性质，不同黏度混合的原油，以及原油挥发效应。非分配性示踪剂指存在于单一相中的示踪剂；分配性示踪剂则分布于各相之中，如单井化学示踪试验，其示踪剂在油相和水相中进行分配（Verma等，2009）。

示踪试验分为井间示踪试验（IWTT）和单井示踪试验（SWTT）。在井间试验中，示踪剂由一口或多口井注入，而由其他井产出。然而，在单井示踪试验中，示踪剂由一口井注入，并由该井产出。这两种试验的优劣各异。例如，井间示踪剂试验可探查的储层范围更大，因而获得的信息更多；但是，示踪剂的回收可能要花费数年时间，并且其分析可能非常复杂（Sharma等，2014）。一方面，从井间示踪试验中获得的信息包括流体运动、分层、平面非均质性、定向流动和饱和度变化的一般趋势（Allison，1988）。另一方面，单井示踪剂试验只需不到3周的时间便可完成，其分析的不确定性更小，因为它只研究了储层的一小部分区域，但这也使从该试验中获取的信息数量受到限制（Descant，1989）。

单井化学示踪试验（SWCTT）又称残余油饱和度示踪试验或埃克森（Exxon）示踪试验。该试验利用了涉及不同示踪剂的化学反应。单井示踪试验的首要目标是确定流体饱和度。该试验的其他应用还包括（利用相关示踪试验）确定岩石润湿性和渗透率（Descant，1989）。Tomich等（1973）率先提出了使用SWCTT确定残余油饱和度的方法。该试验结合示踪反应，对分配系数不同的示踪剂进行色谱分离。Deans和Majoros（1980）广泛介绍了其理论和实施过程，包括流体漂移效应和其他非理想效应。

在单井化学示踪试验建模过程中，对于任意数量的示踪剂均可进行建模，包括水示踪剂、油示踪剂、油/水示踪剂、气体示踪剂和油/气示踪剂。反应示踪剂仅适用于水/油示踪。对示踪剂进行建模时，假定示踪剂既不占据体积，也不影响物理性质。总的示踪剂浓度可根据组分守恒方程进行计算，对于反应示踪剂而言，该组分守恒方程包含反应项。另外，示踪剂的相浓度可根据示踪剂的类型（水、油、气或分配性示踪剂）进行计算。

对于非分配性示踪剂，示踪剂相浓度（C_{Tl}）与总示踪剂浓度（C_T）、水或油的总浓度（C_κ）之比成正比，具体取决于示踪剂的类型，示踪剂的相浓度表示如下：

$$C_{Tl} = C_{\kappa l} \frac{C_T}{C_\kappa} \tag{5.15}$$

式中　T——示踪剂的类型，包括油示踪剂或水示踪剂；

　　　l——某一相；

　　　κ——组分数；

　　　$C_{\kappa l}$——组分κ在l相中的浓度。

另外，对于分配性示踪剂，水/油示踪剂的分配系数由水和油的拟组分浓度来定义，表示如下：

$$K_T = \frac{C_{T2}}{C_{T1}} \tag{5.16}$$

式中　C_{T1}，C_{T2}——分别为水和油拟组分中的示踪剂浓度。

根据示踪剂物质平衡方程计算示踪剂相组成，则：

$$C_{Tl} = C_1 C_{T1} + C_2 C_{T2} \tag{5.17}❶$$

将式（5.16）代入式（5.17）中，得到示踪剂的相浓度为：

$$C_{T1} = \frac{C_T}{C_1 + C_2 K_T} \tag{5.18}$$

$$C_{T2} = K_T \frac{C_T}{C_1 + C_2 K_T} \tag{5.19}$$

---

❶　译者注：式中C_{Tl}可能应写为C_T。

式中 C_1，C_2——分别为水组分和油组分的总浓度。

对于示踪剂的反应，认为乙酸乙酯水解为乙醇的反应为一级反应，且反应过程不可逆，该反应表示如下：

$$1CH_3COO[C_nH_{2n+1}] + 1H_2O \longrightarrow 1C_nH_{2n+1}[OH] + 1C_2H_4O_2 \quad (5.20)$$
$$\text{酯} \qquad\qquad\qquad \text{水} \qquad\qquad \text{醇} \qquad\qquad \text{乙酸}$$

其中，1mol 乙酸酯（ETAC）产生 1mol 产物醇（ETOH）。反应模型如下：

$$\frac{\partial c_{ETAC}}{\partial t} = -kc_{ETAC} \quad (5.21)$$

$$\frac{\partial c_{ETOH}}{\partial t} = -kc_{ETOH} \quad (5.22)$$

式中 k——反应常数，d^{-1}。

假设区域性的流体漂移（的影响）可以忽略不计，当油井选择得当时，这一假设是合理的，这时附近地区的活跃生产井和注入井的影响均可忽略。此外，通过对物质平衡和覆盖示踪剂浓度分布的检测，证实了流体漂移的影响可忽略不计，这种浓度分布提供了有关反应示踪剂形状和位置的信息。

Verma 等（2009）描述了在非结构网格模拟器中利用示踪剂对于提高原油采收率工艺的建模过程。此外，利用该方法可以模拟单井化学示踪试验，用于确定在应用强化采油方法之前或之后的残余油饱和度。其影响可忽略的示踪剂可用于模拟聚合物和矿化度对于提高原油采收率的影响。示踪剂方程与其他组分方程的解耦是利用示踪剂进行 IOR 建模的主要优点。Verma 等（2009）利用示踪剂模拟了低矿化度注水提高采收率的过程，其所使用的示踪剂会对岩石和流体的性质造成影响。这可以通过修改相对渗透率曲线、毛管压力曲线、残余油饱和度、水的黏度、水的密度以及地层体积系数来实现，并认为体积系数是矿化度的函数。利用盐的示踪剂与水相结合来模拟矿化度的变化。在最大和最小矿化度下的水的性质参数之间进行插值，以确定给定矿化度下的水的性质参数。利用 Langmuir 吸附等温线模拟了由于注入水矿化度变化引起的滞留和吸附的盐量。

Al-Shalabi 等（2016）利用 UTCHEM 模拟器研究了中东碳酸盐岩储层低矿化度注水单井化学示踪试验的建模与模拟。对于矿场试验，他们建立了径向网格模型和笛卡尔网格模型。采用解析法和数值法两种方法对低矿化度注水后的剩余油饱和度进行了估算。低矿化度注水单井化学示踪试验（LSWI-SWCTT）的设计方案见表 5.3，其中包括对注入周期及各步骤的描述。基于实际现场应用，将此 LSWI-SWCTT 设计为 31 天。

表 5.3 LSWI-SWCTT 设计方案（据 Al-Shalabi 等，2016）

阶段	步骤	描述	持续的时间（d）
1	1	海水注入	1.35
	2	三种示踪剂注入（NPA，ETAC 和 IPA）	0.14
	3	IPA 示踪剂注入	0.55
	4	关井	4
	5	井生产	8.96

续表

阶段	步骤	描 述	持续的时间,d
2	6	LSWI	4
	7	海水注入（恢复初始盐度条件）	1.35
	8	三种示踪剂注入（NPA，ETAC 和 IPA）	0.14
	9	IPA 示踪剂注入	0.55
	10	关井	4
	11	井生产	5.96
总工期（d）			31

其结果显示，对于均质径向网格模型，两种方法计算的剩余油饱和度值是一致的。他们利用笛卡尔网格模型研究了非均质性对单井化学示踪试验的影响，在此研究中提出了一种新的估计剩余油饱和度的数值方法。Al-Shalabi 等认为，低矿化度注水对含油饱和度低于原始残余油饱和度的区域有影响。因此，用于计算平均残余油饱和度的方程式为：

$$\bar{S}_{\text{or}} = \frac{\sum_i (S_{\text{o},i} V_i)}{\sum_i V_i} \quad \forall i : S_{\text{o},i} < 0.99 S_{\text{or}}^{\text{HS}} \tag{5.23}$$

式中 $\bar{S}_{\text{or}}$——平均残余油饱和度；

V_i——网格块 i 的孔隙体积。

模拟结果验证了所采用的方法，并说明 UTCHEM 模拟器中的示踪反应和 LSWI 模型成功运行。

第 6 章将论述地球化学的基本原理及其在低矿化度注水/工程注水领域内的应用，包括地球化学和组分建模方法。

参 考 文 献

Aladasani, A., Bai, B., Wu, U., 2012a. Investigating low salinity waterflooding recovery mechanisms in sandstone reservoirs. SPE Improved Oil Recovery Symposium, Tulsa, Oklahoma, USA, Paper SPE 152997.

Aladasani, A., Bai, B., Wu, Y., 2012b. Investigating low salinity waterflooding recovery mechanisms in carbonate reservoirs. SPE EOR Conference at Oil and Gas, West Asia, Muscat, Oman, Paper SPE 155560

Alameri, *W., Teklu, T. W., Graves, R. M., Kazemi, H., AlSumaiti, A. M.*, 2015. Experimental and numerical modeling of low salinity waterflood in a low permeability carbonate reservoir. SPE Western Regional Meeting, Garden Grove, California, USA, Paper SPE 174001.

Allison, S. B., 1988. Analysis and design of field tracers for reservoir description. Master's Thesis, The University of Texas at Austin, Austin, Texas, USA.

Al-Shalabi, E. W., 2014. Modeling the effect of injecting low salinity water on oil recovery from carbonate reservoirs. PhD Dissertation, The University of Texas at Austin, Texas, USA.

Al-Shalabi, E. W., Sepehrnoori, K., Delshad, M., 2014a. Mechanisms behind low salinity water injection in carbonate reservoirs. Fuel. 121, 11-19.

Al-Shalabi, E. W., Sepehrnoori, K., Pope, G. A., 2014b. Mysteries behind the low salinity water injection technique. J. Petrol. Eng. 2014, Article ID 304312. http://dx.doi.org/10.1155/2014/304312.

Al-Shalabi, E. W., Sepehrnoori, K., Delshad, M., Pope, G., 2014c. A novel method to model low-salinity water injection in carbonate oil reservoirs. SPE J. 20 (5), 1154-1166.

Al-Shalabi, E. W., Sepehrnoori, K., Pope, G., Mohanty, K., 2014d. A fundamental model for prediction oil recovery due to low salinity water injection in carbonate rocks. SPE Trinidad & Tobago Energy Resources Conference, Port of Spain, Trinidad and Tobago, Paper SPE 169911.

Al-Shalabi, E. W., Sepehrnoori, K., Delshad, M., 2014e. Optimization of the low salinity water injection process in carbonate reservoirs. SPE International Petroleum Technology Conference, Kuala Lumpur, Malaysia, Paper SPE 17821.

Al-Shalabi, E. W., Sepehrnoori, K., Delshad, M., 2015a. Simulation of wettability alteration by low salinity water injection in water-flooded carbonate cores. J. Petrol. Sci. Technol. 33 (5), 604-613.

Al-Shalabi, E. W., Sepehrnoori, K., Delshad, M., 2015b. Numerical simulation of the LSWI effect on hydrocarbon recovery from carbonate rocks. J. Petrol. Sci. Technol. 33 (5), 595-603.

Al-Shalabi, E. W., Sepehrnoori, K., Pope, G., 2015c. New mobility ratio definition for estimating volumetric sweep efficiency of low salinity water injection. Fuel. 158, 664-671.

Al-Shalabi, E. W., Luo, H., Delshad, M., Sepehrnoori, K., 2016. Single-well chemical tracer modeling of low salinity water injection in carbonates. SPE Reservoir Evaluation and Engineering Journal, In press.

Attar, A., Muggeridge, A., 2015. Impact of geological heterogeneity on performance of secondary and tertiary low salinity water injection. SPE Middle East Oil & Gas Show and Conference, Manama, Bahrain, Paper SPE 172775.

Chandrasekhar, S., Mohanty, K. K., 2013. Wettability alteration with brine composition in high temperature carbonate reservoirs. SPE Annual Technical Conference and Exhibition, New Orleans, Louisiana, USA, Paper SPE 166280.

Craig Jr., F. F., 1993. The Reservoir Engineering Aspects of Waterflooding, In: SPE of AIME, Dallas. Dang, C. T. Q., Nghiem, L. X., Chen, Z., Nguyen, Q. P., 2013. Modeling low salinity waterflooding: ion exchange, geochemistry and wettability alteration. SPE Annual Technical Conference and Exhibition, New Orleans, Louisiana, USA, Paper SPE 166447.

Dang, C., Nghiem, L., Nguyen, N., Chen, Z., Nguyen, Q., 2015. Modeling and optimization of low salinity waterflood. SPE Reservoir Simulation Symposium, Houston, Texas, USA, Paper SPE 173194.

Deans, H. A., Majoros, S., 1980. The single-well chemical tracer method for measuring residual oil saturation. U. S. DOE Report BC/20006-18.

Descant, F. J., 1989. Simulation of single-well tracer flow. Master's Thesis, The University of Texas at Austin, Austin, Texas, USA.

Design-Expert Software, 2011. Technical Manual, version 8.

Jerauld, G. R., Lin, C. Y., Webb, K. J., Seccombe, J. C., 2008. Modeling low salinity waterflooding. SPE Reserv. Eval. Eng. 11 (6), 1000-1012.

Jin, M., 1995. A study of non-aqueous phase liquid characterization and surfactant remediation. PhD Dissertation, The University of Texas at Austin, Texas, USA.

Lemon, P., Zeinijahromi, A., Bedrikovestsky, P., Shahin, I., 2011. Effects of injected water salinity on waterflood sweep efficiency through induced fines migration. J. Can. Petrol. Technol. 50 (9-10), 82-94.

Pope, G. A., Wu, W., Narayanaswamy, G., Delshad, M., Sharma, M. M., Wang, P., 2000. Modeling relative permeability effects in gas-condensate reservoirs with a new trapping model. SPE Reserv. Eval. Eng. 3 (2), 171-178.

Sharma, A., Shook, G. M., Pope, G. A., 2014. Rapid analysis of tracers for use in eor flood optimization. SPE Improved Oil Recovery Symposium, Tulsa, Oklahoma, USA, Paper SPE 169109.

Stumm, W., Morgan, J., 1996. Aquatic Chemistry. John Wiley & Sons, Inc, New York. Tomich, J. F., Dalton, R. L., Deans, H. A., Shallenberger, L. K., 1973. Single-well tracer method to measure residual oil saturation. J. Petrol. Technol. 255, 211-218.

Tripathi, I., Mohanty, K. K., 2008. Instability due to wettability alteration in displacements through porous media. Chem. Eng. Sci. 63 (21), 5366-5374.

UTCHEM - 9.0 Technical Documentation, 2000. The University of Texas at Austin, Volume II, Texas, USA.

Verma, S., Adibhatla, B., Leahy-Dios, A., Willingham, T., 2009. Modeling improved recovery methods in an unstructured grid simulator. International Petroleum Technology Conference Doha, Qatar, Paper SPE 13920.

Wu, Y., Bai, B., 2009. Efficient simulation for low salinity waterflooding in porous and fractured reservoirs. SPE Reservoir Simulation Symposium, The Woodlands, Texas, USA, Paper SPE 118830.

Yousef, A. A., Al-Saleh, S., Al-Kaabi, A., Al-Jawfi, M., 2011. Laboratory investigation of the impact of injection-water salinity and ionic content on oil recovery from carbonate reservoirs. SPE Reserv. Eval. Eng. 14 (5), 578-593.

Yousef, A. A., Al Saleh, S., Al Jawfi, M., 2012. Improved/enhanced oil recovery from carbonate reservoirs by tuning injection water salinity and ionic content. SPE Improved Oil Recovery Symposium, Tulsa, Oklahoma, USA, Paper SPE 154076.

Yu, L., Evje, S., Kleppe, H., Karstad, T., Fjelde, I., Skjaeveland, S. A., 2009. Spontaneous imbibition of seawater into preferentially oil-wet chalk cores- Experiments and Simulations. J. Petrol. Sci. Eng. 66 (3-4), 171-179.

6 LSWI/EWI 方法的地球化学研究

本章回顾了地球化学基础建模，介绍了不同地球化学反应，包括溶液反应、溶解/沉淀反应、多离子交换反应、表面络合反应以及地球化学在 LSWI/EWI 领域的应用。

6.1 地球化学基础建模

地下地球化学和化学物质的运移对不同提高采收率方法的成败具有重要影响。例如，最优矿化度梯度设计是表面活性剂—聚合物（SP）驱成功的关键，因为这样可在集中乳化区实现最小界面张力（Nelson 和 Pope，1978；Lake，1989；Delshad 等，1996；Green 和 Willhite，1998）。此外，pH 值的增加显著降低了表面活性剂的吸附量；因此，最好将碱驱与 SP 复合驱结合使用。碱也可以与原油中的酸发生反应并在地下生成皂类，增强其在储层内的乳化能力。需要特别注意这种协同作用，因为表面活性剂-皂类混合物的最优矿化度可能会根据其化学性质和两者比例发生显著变化。另一个例子是低矿化度/工程注水，其中某些地球化学物质（如硫酸根离子、钙离子、镁离子、硬石膏和方解石）的数量在对于岩石润湿性和流动性的改变有显著影响（Lager 等，2008；Austad 等，2010；Al-Shalabi 等，2014、2015）。

过往的研究充分表明，研究人员需要一个强大的可准确预测地球化学物质的浓度以及不同 IOR 技术下原油采收率的地球化学模拟器。

6.1.1 平衡过程的化学热力学基础

热力学中指出，在恒温（T）、恒压（p）和组分（N）恒定的条件下，吉布斯自由能达到最小时，多相多组分体系处于热力学平衡。平衡的判定还有其他等效条件，但该条件应用起来最为方便。热力学平衡条件下，系统状态不发生变化。热力学平衡的数学表达式如下：

$$dG^t = 0 \tag{6.1}$$

式中 G^t——总的吉布斯自由能；

dG^t——恒温（T）、恒压（p）和固定组分（N）条件下总的吉布斯自由能的微分。

对于 L 相和 m 组分，总的吉布斯自由能定义为：

$$G^t = \sum_{l=1}^{L} \sum_{i=1}^{m} (n_i^l \overline{G}_i^l) \tag{6.2}$$

式中 n_i^l——l 相中组分 i 的摩尔数；

$\overline{G}_i^l$——l 相中组分 i 的偏摩尔吉布斯自由能，可用 u_i^l 表示。

由于发生某一化学反应（r）而导致系统组分改变，此时达到热力学平衡的条件为：

$$\Delta G_r = 0 \tag{6.3}$$

式中 ΔG_r——化学反应（r）的吉布斯自由能的变化，将其定义为：

$$\Delta G_r = \sum_{i=1}^{m}(\nu_{ri}\mu_i) \tag{6.4}$$

组分 i 的化学势由下式给出：

$$\mu_i = G_i^o + RT\ln a_i \tag{6.5}$$

式中 a_i——组分 i 的活度；
G_i^o——组分 i 形成的标准吉布斯自由能；
ν_{ri}——组分 i 的化学反应（r）计量系数。

标准状态指在溶液温度和一个大气压下组分 i 的纯态。由式（6.3）至式（6.5）可得：

$$\ln \prod_{i=1}^{m} a_i^{\nu_{ri}} = \frac{-\sum_{i=1}^{m}(\nu_{ri}G_i^o)}{RT} \tag{6.6}$$

式（6.6）右侧仅是温度的函数，而左侧则是平衡条件下反应物和产物活度的函数。将某一温度（T）下反应（r）的平衡常数定义为：

$$K_r(T) = \exp\frac{-\sum_{i=1}^{m}(\nu_{ri}G_i^o)}{RT} \tag{6.7}$$

因此，式（6.6）可以写成：

$$K_r(T) = \prod_{i=1}^{m} a_i^{\nu_{ri}} \tag{6.8}$$

标准温度 298.15K 下，利用式（6.7）容易算得平衡常数（K），因为该温度下的化学物质标准自由能可查表。对于非标准温度（温度不等于 298.15K）的情形，可利用 Van't Hoff 方程计算平衡常数（Van't Hoff，1884）：

$$\frac{d[\ln K_r(T)]}{dT} = \frac{\Delta H_r^o(T)}{RT^2} \tag{6.9}$$

式中 ΔH_r^o——反应（r）的标准反应热，是温度的函数。

但在多数情况下，可将较小温度范围内的 ΔH_r^o 近似为常数，那么对式（6.9）积分可得：

$$\ln\frac{K_r(T_2)}{K_r(T_1)} = \frac{\Delta H_r^o}{R}\left(\frac{1}{T_1} - \frac{1}{T_2}\right) \tag{6.10}$$

结合 T_1 温度下的平衡常数和标准反应热，可利用式（6.10）计算任意温度 T_2 下的平衡常数（Sandler，2006）。式（6.10）的一个解析表达式为（Parkhurst 和 Appelo，2013）：

$$\lg K = A_1 + A_2 T + \frac{A_3}{T} + A_4 \lg T + \frac{A_5}{T^2} \tag{6.11}$$

式中 $A_1 \sim A_5$——常数；

T——温度，K。

矿物的溶质和组分的反应平衡常数（K_p）也可定义为压力的函数，表示如下：

$$\lg K_p = \lg K_{p=1} - \frac{\Delta V_r}{2.303RT}(p-1) \tag{6.12}$$

式中 p——压力，atm；

T——温度，K；

ΔV_r——反应过程中体积的变化量，cm^3/mol；

R——气体常数，82.06 atm·cm^3/(mol·K)。

该附属关系式由固体的摩尔体积和溶质的体积定义（Parkhurst 和 Appelo，2013）。

矿物相对于溶液的热力学状态是由饱和指数（SI）来定义的，其表达式为：

$$SI = \lg \frac{IAP}{K} \tag{6.13}$$

式中 IAP——离子活度积；

K——平衡常数。

如果 SI 小于 0 且矿物存在，则矿物可溶解但不可沉淀。如果 SI 大于 0，矿物可沉淀但不可溶解。若 SI 等于 0，则表明矿物与溶液处于平衡状态（Parkhurst 和 Appelo，2013）。

6.1.2 活度系数模型

溶液中化学组分的活度是该组分的摩尔浓度和活度系数（γ_i）的乘积，表示如下：

$$a_i = \gamma_i C_i \tag{6.14}$$

理想溶液中，各组分的活度系数均等于 1；因此，式（6.8）中的活度可由摩尔浓度代替。对非理想溶液而言，需利用活度系数模型计算活度系数。这些模型描述了各组分活度系数与溶液离子强度之间的关系。式（5.8）已定义了水溶液的离子强度（I）。Davies 方程、Debye-Huckel 扩展方程 [或 WATEQ Debye-Huckel 方程，WATEQ 是一个计算化学平衡的计算程序（Truesdell 和 Jones，1974）] 是针对带电组分活度系数计算的两个最常用模型；而对于不带电组分的活度系数，则常利用 Setchenow 方程进行计算（Sandler，2006）。

（1）Davies 方程：

$$\lg \gamma_i = -Az_i^2 \left(\frac{\sqrt{I}}{1+\sqrt{I}} - 0.3I \right) \tag{6.15}$$

（2）WATEQ Debye-Huckel 方程：

$$\lg \gamma_i = -\frac{Az_i^2 \sqrt{I}}{1 + Ba_i^\circ \sqrt{I}} + b_i I \tag{6.16}$$

（3）Setchenow 方程：

$$\lg \gamma_i = b_i I \tag{6.17}$$

式（6.16）中，b_i 为 0 时，它变为 Debye-Huckel 扩展方程。对于 Debye-Huckel 扩展方程而言，a_i^o 为离子大小参数，单位为 Å；而对于 WATEQ Debye-Huckel 方程而言，a_i^o 和 b_i 是由平均盐组分活度系数拟合出的离子特异参数。当式（6.16）右边第一项为 0 时，它就变成了 Setchenow 方程［式（6.17）］；对于所有不带电组分，常假定 b_i 为 0.1（Parkhurst 和 Appelo，2013）。式（6.15）和式（6.16）中的 A 和 B 是与温度相关的常数，其表达式为（Manov 等，1943）：

$$A = 1.8246 \times 10^6 (\varepsilon_w T)^{-3/2} (\text{mol}^{-1/2} \text{L}^{1/2}) \tag{6.18}$$

$$B = 50.29 (\varepsilon_w T)^{-1/2} (\text{mol}^{-1/2} \text{L}^{1/2} \text{Å}) \tag{6.19}$$

式中 T——绝对温度，K；

ε_w——水的电容率或介电常数，是温度的函数（Malmberg 和 Maryott，1956），表示如下：

$$\varepsilon_w = 87.74 - 0.4008(T - 273.15) + 9.398 \times 10^{-4}(T - 273.15)^2 - 1.410 \times 10^{-6}(T - 273.15)^3 \tag{6.20}$$

对于高矿化度溶液中各组分活度系数的确定，有更精确的计算模型，如 Pitzer 模型（Pitzer，1991）和特异性离子相互作用理论模型（Grenthe 等，1997）。以 Pitzer 模型为例，它将 Debye-Huckel 方程与维里方程形式的附加项相结合，旨在解释离子间的短程相互作用（Pitzer，1991）。Pitzer 模型的一般形式为：

$$\ln\gamma_i = \ln\gamma_i^{dh} + \sum_j [D_{ij}(I)m_j] + \sum_j \sum_k (E_{ijk} m_j m_k) \tag{6.21}$$

式中 γ_i^{dh}——Debye-Huckel 项；

D_{ij}、E_{ijk}——分别为第二维里系数和第三维里系数，它们是为溶液中的离子对和三重态离子而定义的。

对于纯固相，各组分的活度可认为等于 1。水的活度方程为：

$$a_{H_2O} = 1 - 0.017 \sum_{i=1}^{N_{aq}} m_i \tag{6.22}$$

式中 i——某种水样；

N_{aq}——水样总数。

式（6.22）是 Garrels 和 Christ（1965）报道的 Raoult 法则的近似表达式。

6.1.3 地球化学基本反应

地球化学反应平衡的一般形式可以表示为：

$$aP + bQ \longleftrightarrow cT \tag{6.23}$$

式中 P，Q，T——发生化学反应的地球化学物质；

a，b，c——分别为各自的化学反应计量系数。

反应平衡常数 K 可以写成：

$$K = \frac{a_T^c}{a_P^a a_Q^b} \tag{6.24}$$

式中 a_P, a_Q, a_T——分别为地球化学物质 P, Q, T 的活度。

地球化学模型的基本反应包括电解质溶液反应、矿物的溶解与沉淀反应、基质与胶束的离子交换反应，以及原油酸性组分与水溶液中碱基的反应。下面将逐一讨论这些反应。

（1）溶液（均匀）反应。

在这些反应中，游离离子（如 Na^+、K^+、Mg^{2+}、Ca^{2+}、Cl^-、SO_4^{2-} 等）反应形成络离子或配离子（如 $NaCl_{(aq)}$、$CaSO_{4(aq)}$、$MgSO_{4(aq)}$ 等）。这类反应是均匀的，因为所有参与反应的组分均处于同一相中。在地球化学这一学科中，人们通常假定所有的溶液反应快速完成并达到平衡状态。下面给出了一个溶液（均匀）反应的例子：

$$Na^+ + Cl^- \longleftrightarrow NaCl_{(aq)} \tag{6.25}$$

（2）溶解/沉淀（非均相）反应。

这类反应又称为矿物反应或溶度积反应，因为这类反应的平衡常数（K）称为溶度积（K_{sp}）。这类反应是非均匀反应，因为参与反应的组分处于不同相之中。方解石的溶解/沉淀反应是矿物反应的一个例子，将其表示如下：

$$Ca^{2+} + CO_3^{2-} \longleftrightarrow CaCO_{3(s)} \tag{6.26}$$

通常认为矿物反应受动力学控制，除非反应速度够快——这时认为局部平衡的假设成立。

（3）反应动力学与局部平衡反应。

反应动力学研究反应发生的速率快慢。通常用这类反应与局部平衡反应做比较。一般认为：均匀反应（溶液反应）是局部平衡反应，而非均相反应（固体的溶解/沉淀反应）最好利用反应动力学来表征。如果反应速率快，那么矿物反应也可认为是局部平衡反应（Zhu 和 Anderson，2002）。矿物的溶解或沉淀速率可由下式计算：

$$r_\beta = \hat{A}_\beta k_\beta \left(1 - \frac{Q_\beta}{K_\beta}\right) \tag{6.27}$$

式中 $\hat{A}_\beta$——单位体积多孔介质中反应矿物的反应表面积，m^2/m^3；

k_β——矿物反应速率常数，mol/m^2；

K_β——矿物溶解/沉淀反应的平衡常数；

Q_β——矿物 β 溶解/沉淀反应的活度积；

r_β——单位体积多孔介质（中矿物的）溶解/沉淀速率，$mol/(m^3 \cdot s)$。

k_β 与温度的关系为：

$$k_\beta = k_{0,\beta} \exp\left[-\frac{E_a}{R}\left(\frac{1}{T} - \frac{1}{T_0}\right)\right] \tag{6.28}$$

式中 E_a——反应活化能，J/mol；

$k_{0,\beta}$——参考温度 T_0 下的反应速率常数；

R——通用气体常数，$8.314 \ J/(mol \cdot K)$；

T——温度，K；

T_0——参考温度，K。

（4）交换反应。

这类反应是溶液中的地球化学物质与附着在固体表面上的电解质之间的反应。可将此类反应的一般形式表示为：

$$X^-A^+ + B^+ \longleftrightarrow X^-B^+ + A \tag{6.29}$$

式中 X^-——离子交换剂；

A 和 B——交换组分。

从地球化学的角度而言，黏土是最重要的交换介质之一。砂岩储层内的黏土中可能存在一种带负电的不溶性离子交换剂，它会吸附固定数量的单位孔隙体积阳离子当量——阳离子交换容量（CEC）。吸附的离子与水相中的阳离子发生交换。将交换反应方程式视为某种交换组分替换另一种交换组分的反应，因为从实验或文献中更容易获得两个交换组分之间的相对交换平衡常数（Farajzadeh 等，2012）。存在黏土时的离子交换反应见下面一个例子：

$$Na^+ + \frac{1}{2}Ca-X_2 \longleftrightarrow Na-X + \frac{1}{2}Ca^{2+} \tag{6.30}$$

交换反应的平衡常数称为选择性系数（K'），上例中的 K' 可表示为：

$$K'_{Na/Ca} = \frac{\xi(Na-X)[Ca^{2+}]^{0.5}}{[\zeta(Ca-X_2)]^{0.5}[Na^+]} \times \frac{\gamma_{Ca^{2+}}^{0.5}}{\gamma_{Na^+}} \tag{6.31}$$

式中 $\zeta(Na-X)$ 和 $\zeta(Ca-X_2)$——分别为交换介质上 Na^+ 和 Ca^{2+} 的等效分数。

在碳酸盐岩储层中，碳酸盐岩表面带正电的交换介质（X）会吸附固定的单位孔隙体积阴离子当量——阴离子交换容量（AEC）。因此，带正电的碳酸盐岩表面可能会发生阴离子交换——水中的硫酸根离子与原油中带负电的羧酸基发生交换。这种交换反应使残余油滴得以释放出来，并改变岩石的润湿性，使亲水性增强。随着储层温度的升高，硫酸根在岩石表面的吸附量也随之增加，反应效果更加明显（Zhang 等，2006）。这类阴离子交换反应可表示为：

$$SO_4^{2-} + 2CH_3COO-X \Longrightarrow 2CH_3COO^- + SO_4-X_2 \tag{6.32}$$

式中 X——碳酸盐岩；

CH_3COO^-——原油中的羧基。

该反应的选择性系数（K'）可表示为：

$$K'_{SO_4^{2-}/CH_3COO^-} = \frac{\zeta(SO_4-X_2)[CH_3COO^-]^2}{[\zeta(CH_3COO-X)]^2[SO_4^{2-}]} \times \frac{\gamma_{CH_3COO^-}^2}{\gamma_{SO_4^{2-}}} \tag{6.33}$$

式中 $\zeta(SO_4-X_2)$，$\zeta(CH_3COO-X)$——分别为离子交换剂上 SO_4^{2-} 和 CH_3COO^- 的等效分数。

与溶液反应和固体的溶解/沉淀反应不同的是，交换反应中组分的活度不是根据浓度计算得到的，而是根据交换组分的等效分数计算得到的。第 i 个交换组分的等效分数 ζ_i 可由下式计算：

$$\zeta_i = \frac{z_i c_i}{\sum_{i=1}^{N_{ex}} (z_i c_i)} = \frac{z_i c_i}{\text{CEC}} = \frac{z_i c_i}{\text{AEC}} \tag{6.34}$$

式中 c_i——交换组分的浓度；

z_i——交换组分的价位；

N_{ex}——交换组分的总数。

选择性系数的使用应遵循盖恩斯—托马斯惯例（Gaines 和 Thomas，1953）。此外，应当注意的是，选择性系数是操作性变量，而不是像平衡常数那样的热力学变量。值得一提的是，交换反应与吸附现象类似（Green 和 Wilhite，1998）。

（5）与表面活性剂相关的物质交换反应。

如果阴离子表面活性剂胶束和（或）原位皂存在，水中阳离子也可与表面活性剂缔合的阳离子发生交换作用，这与上述交换反应相似。Hirasaki（1982）指出，这种情况下的反应平衡常数（K）不是常数，而是阴离子表面活性剂总浓度的函数：

$$K_i = \beta_i (c_{\text{surf}} + c_{A^-}) \tag{6.35}$$

式中 β_i——第 i 个与表面活性剂相关交换平衡常数的系数；

c_{surf} 和 c_{A^-}——分别是表面活性剂和油酸阴离子的摩尔浓度。

根据等效分数可计算表面活性剂相关的交换组分的活度，这与一般交换反应相似。

（6）油酸组分反应。

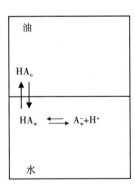

图 6.1 低 pH 值时水/油/环烷酸体系的平衡（据 Havre 等，2003）

如果计算中考虑油酸反应，则需要在地球化学反应体系中再增加一种元素 A、一种独立的水相组分 HA_o 和与之相关的两种水相组分 HA_w 和 A^-。酸性/碱性组分在水相和油相之间的分配关系由下式给出，如图 6.1 所示：

$$HA_w = HA_o \tag{6.36}$$

控制分配反应的平衡常数为：

$$K_{wo} = \frac{[HA_w]}{[HA_o]} \tag{6.37}$$

式中 K_{wo}——分配系数；

$[HA_w]$ 和 $[HA_o]$——分别是油酸组分在水相和油相中的浓度。

此外，水相中分离出的组分在水相中发生电离，表示如下：

$$HA_w \Longrightarrow A_w^- + H^+ \tag{6.38}$$

其反应平衡常数为：

$$K_a = \frac{[H^+][A_w^-]}{[HA_w]} \tag{6.39}$$

（7）表面络合反应。

表面络合反应是离子交换反应的一种一般形式，但反应物质附着于非晶态铝硅酸盐、金属氧化物/氢氧化物以及有机物固体表面官能团的反应要除外。表面络合反应是岩石表面二价羧基络合物（有机金属）与未连接羧基官能团的二价化合物和（或）单价离子之间的交换反应（Lager 等，2011）。此外，表面络合反应中表面组分的吸附考虑了表面电势。

表面络合反应模型刻画了表面反应的特征。描述表面反应的表面络合反应模型有两类：扩散电层（EDL）模型和非扩散电层（NEDL）模型。当表面电势的影响不显著时，可利用 NEDL 模型。另一方面，当表面电势在络合反应中起主导作用时，应采用 EDL 模型。可利用玻尔兹曼因子校正扩散电层（EDL）模型中水相组分的活度。那么，这类反应的平衡常数为：

$$K_{\text{solution}} = K_{\text{surface}} \exp\left(-\frac{\Delta z F \Psi}{RT}\right) \tag{6.40}$$

式中　K_{solution}——溶液的平衡常数，最常见于模拟程序；
K_{surface}——表面平衡常数，可查文献（如 Dzombak 和 Morel，1990）获得；
Δz——表面组分（位置）的净电荷；
F——法拉第常数；
Ψ——表面势；
R——通用气体常数；
T——温度。

利用 Goy-Chapman 模型计算表面势：

$$\sigma = (8RT\varepsilon\varepsilon_0 I \times 10^3)^{1/2} \sinh\left(\frac{zF\Psi}{2RT}\right) \tag{6.41}$$

式中　σ——表面电荷密度；
ε——水的介电常数；
I——溶液的离子强度；
z——离子电荷；
ε_0——真空介电常数。

需要注意的是，σ 可以根据固体表面组分的浓度计算表面电荷密度（C/m^2）。

此外，还有其他复杂的表面络合反应模型，如三层模型，该模型认为表层可由互不相同的两层组成：一层与表面紧密结合，另一层则与表面结合得不太紧密。关于这个模型的更多信息参见其他文献（Davis 等，1978）。

下面给出表面络合反应的一个例子：

$$>CaOH_2^+ + SO_4^{2-} \longleftrightarrow >CaSO_4^- + H_2O \tag{6.42}$$

式中　$>CaOH_2^+$ 和 $>CaSO_4^-$——表面组分，用符号 ">" 表示。

6.2　LSWI/EWI 机理建模

LSWI/EWI 机理建模是以其所涉及的地球化学反应为基础。文献中的大多数研究者认为，润湿性的改变是低矿化度/工程注水提高原油采收率的机理。因此，溶液与岩石的地球化学作用应与岩石润湿状态的变化（即亲水性增强）相联系。

油藏组分模拟器内可嵌入地球化学软件，以考虑烃相中常见组分（如二氧化碳、甲烷和酸性/碱性组分）对溶液与岩石地球化学作用的缓冲效应。为此，EOS 组分模型中的相平衡计算应当与反应输运过程联系起来。

Korrani（2014）提出将地球化学模拟软件 IPHREEQC（Charlton 和 Parkhurst，2011）与油藏组分模拟器 UTCOMP 耦合。为了模拟不同地球化学元素（如 Na、Ca、Mg、S、C 等）的运移，UTCOMP 模拟器内首次引入了质量守恒方程。但这些地球化学元素仅作为活性示踪剂而应用；因此，将 IPHREEQC 嵌入油藏模拟器中是为了确定每个时间步下不同地球化学物质在油藏网格中的平衡状态。本节介绍了 UTCOMP 模拟器、PHREEQC 地球化学模拟软件以及两者的耦合。

6.2.1 UTCOMP 模拟器介绍

得克萨斯大学奥斯汀分校开发的 UTCOMP 是一款三维、非等温油藏组分模拟器，它应用了状态方程（EOS），采用 IMPEC 方法隐式求解压力而显式求解相饱和度和组分，可用于模拟包括混相和非混相气驱在内的不同提高采收率工艺（UTCOMP 技术文档，2003）。

UTCOMP 模拟器是在 Acs 等（1985）提出的体积平衡方法的基础上并对其进行修正而研发出的。UTCOMP 求解策略是 IMPEC，即隐式求解每个网格块的压力，显式求解组分的摩尔数（而不是相饱和度）。UTCOMP 可以模拟四相流动行为，即水相、油相、气相和另一种非水液相。其中水相全是水，烃类组分可溶解于水相中。采用 Peng-Robinson 状态方程（Peng 和 Robinson，1976）和修正的 R—K 状态方程（Turek 等，1984）模拟烃类的相态特性。基于 Jhaveri 和 Youngren（1998）的研究工作，设计了一个体积位移参数选项以修正烃相密度的计算。关于 UTCOMP 模拟器的详细介绍请参见别处（Chang，1990）。

UTCOMP 模拟器目前可用的特色功能总结如下：
（1）严格闪蒸计算和简化闪蒸计算（包括四相闪蒸计算功能）；
（2）相态特性计算的 K 值法；
（3）高阶全变差递减有限差分法；
（4）物理扩散全张量；
（5）可变宽横截面选项；
（6）直井或水平井功能；
（7）示踪剂驱功能；
（8）聚合物驱功能；
（9）平衡和非平衡传质的稀释表明活性剂选项；
（10）泡沫气驱功能（p_c^* 模型和查表方法）；
（11）黑油模型；
（12）沥青质沉淀模型；
（13）含水层中二氧化碳的封存。

UTCOMP 采用三阶有限差分方法减小数值弥散的影响并控制网格方向。利用全扩散张量模拟物理扩散，扩散张量的元素取自于分子扩散和机械扩散。考虑了相对渗透率、界面张力和毛管力。利用毛管数的概念，将相对渗透率和毛管力的作用以界面张力表征。采用 MacLeod-Sugden 关系式计算烃相之间的界面张力（Reid 等，1987）。水的黏度为常数时，利用 Lohrenz 等（1964）提出的关系式计算烃类黏度。值得一提的是，UTCOMP 模拟器最近进行了升级，可利用嵌入离散裂缝模型处理复杂的裂缝形态（Shakiba，2014）。

四种主要的力（即黏滞力、重力、毛管力和弥散力）引起多组分多孔介质多相流中的各种化学物质的运移。组分的摩尔衡算方程可表示为：

$$\frac{\partial N_i}{\partial t} - V_b \nabla \cdot \left[\sum_{j=1}^{n_p} \xi_j \lambda_j x_{ij} (\nabla P_j - \gamma_j \nabla D) + \varphi \xi_j S_j \vec{\vec{K}}_{ij} \nabla x_{ij} \right] - q_i = 0$$
$$i = 1, 2, \cdots, n_c \tag{6.43}$$

式中 N_i——组分 i 的摩尔数；

V_b——网格块的(表观)体积；

ξ_j——j 相的摩尔密度；

x_{ij}——组分 i 在 j 相中的摩尔分数；

γ_j——j 相的相对密度(比重)；

D——深度；

q_i——组分 i 的摩尔注入量（正）或采出量（负）。

式（6.43）以单位时间内的摩尔数的形式书写。将 j 相的流度定义为：

$$\lambda_j = k \frac{k_{rj}}{\mu_j} \tag{6.44}$$

利用扩散全张量对物理扩散进行表征，表示如下：

$$\vec{\vec{K}}_{ij} = \begin{pmatrix} K_{xx} & K_{x\gamma} & K_{xz} \\ K_{\gamma x} & K_{\gamma\gamma} & K_{\gamma z} \\ K_{zx} & K_{z\gamma} & K_{zz} \end{pmatrix}_{ij} \tag{6.45}$$

利用相平衡计算来确定所有平衡相的数目、总量和组成。平衡解必须满足三个条件：（1）必须保留摩尔平衡约束；（2）同一组分在各相中的化学势必须相同；（3）恒温、恒压下的吉布斯自由能必须最小。总吉布斯自由能对自变量的一阶偏导数给出了由 $(n_p-1)n_c$ 个基本变量组成的各相组分的逸度方程。闪蒸计算的控制方程如下：

$$f_i^j - f_i^r = 0 \quad (i = 1, 2, \cdots, n_c, j = 1, 2, \cdots, n_p - 1) \tag{6.46}$$

相组成的约束条件如下：

$$\sum_{i=1}^{n_c} x_{ij} - 1 = 0 \quad (j = 1, 2, \cdots, n_p) \tag{6.47}$$

计算两种烃相的相含量的方程可表示为：

$$\sum_{i=1}^{n_c} \frac{z_i(K_i - 1)}{1 + v(K_i - 1)} = 0 \tag{6.48}$$

$$K_i = \frac{\gamma_i}{x_i} \tag{6.49}$$

式中 z_i——组分 i 的总组成；

v——气体摩尔数与总摩尔数之比；

K_i——(组分 i 在) 参考相（气相）中的摩尔分数 γ_i 与其在另一相（油相）中的摩尔分数 x_i 的比值。

逸度方程的隐式求解需用到式（6.45）和式（6.46）。体积约束条件指出，流体总体积必须等于每个单元的孔隙体积之和（即完全充填），其关系式如下：

$$\sum_{i=1}^{n_c} N_i \sum_{j=1}^{n_p} (L_j \bar{v}_j) - V_p = 0 \tag{6.50}$$

式中　L_j——j 相摩尔数与混合物总摩尔数之比；

　　　$\bar{v}_j$——j 相摩尔体积；

　　　V_p——网格的孔隙体积。

由于 UTCOMP 模拟器的 IMPEC 特性，首先需要隐式求解网格块的压力。UTCOMP 中采用的压力方程满足"流体将孔隙完全充填"的条件：

$$V_t(p, \vec{N}) = V_p(p) \tag{6.51}$$

其中，流体（体积）是压力和各组分总摩尔数的函数，而孔隙体积只与压力有关。对这两个体积求关于时间的偏微分，利用链式求导法则将这两项展开为关于各自独立变量的表达式，将式（6.43）代入重新整理后的方程，可得最终的压力方程为：

$$\begin{aligned}
&\left(V_p^o c_f - \frac{\partial V_t}{\partial p}\right) \frac{\partial p}{\partial t} - V_b \sum_{i=1}^{n_c+1} \bar{V}_{ti} \vec{\nabla} \cdot \sum_{j=1}^{n_p} (\vec{k} \lambda_{rj} \xi_j x_{ij}) \nabla p \\
&= V_b \sum_{i=1}^{n_c+1} \bar{V}_{ti} \vec{\nabla} \cdot \sum_{j=1}^{n_p} (\vec{k} \lambda_{rj} \xi_j x_{ij}) (\nabla p_{c2j} - \gamma_j \nabla D) + \\
&V_b \sum_{i=1}^{n_c+1} \bar{V}_{ti} \vec{\nabla} \cdot \sum_{j=1}^{n_p} (\varphi \xi_j S_j \vec{K}) \nabla x_{ij} + \sum_{i=1}^{n_c+1} (\bar{V}_{ti} q_i)
\end{aligned} \tag{6.52}$$

式中　V_p^o——参考压力 p^o 下的孔隙体积；

　　　c_f——地层压缩系数；

　　　p_{c2j}——相 2（油相）与 j 相之间的毛管压力；

　　　V_{ti}——组分 i 的偏摩尔体积。

给定时刻 t，求解式（6.50）可得压力（p），其余物理量则取前一时间步的值。

图 6.2 是一个简化的 UTCOMP 计算流程图，在初始化之后，模拟过程于 t 时刻开始。初

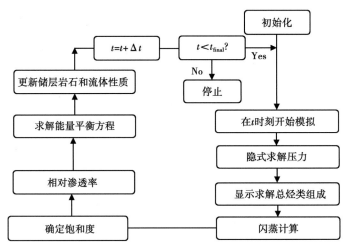

图 6.2　UTCOMP 简化计算流程图（据 Korrani，2014）

始化时，根据网格的深度值校正网格块压力，根据用户提供的总烃类摩尔分数进行相态计算。

关于 UTCOMP 模拟器以及压力方程、质量守恒方程离散化的更多信息请参见他处（Chang，1990）。

6.2.2 地球化学软件 PHREEQC 介绍

PHREEQC（pH-REdox-Equilibrium in C programming language）是美国地质调查局开发的一款最先进的免费、开源的地球化学软件包。它是一款非常灵活的工具，拥有丰富的数据库，可用于反应运移模拟研究。PHREEQC 具有物质生成计算、饱和度指数计算、间歇反应计算和一维输运计算的功能，可模拟溶液、矿物、气体、固体—溶液、表明络合反应、离子交换平衡等可逆或不可逆反应，也可模拟动力学反应、多组分扩散与弥散、溶液混合等过程，还可进行逆向模拟（Parkhurst 和 Appelo，2013）。

PHREEQC 的溶液物质生成模型采用的方程主要有摩尔衡算方程、溶液质量作用方程，活度系数模型和饱和度指数（SI）方程。活度系数模型表征的是组分活度系数与溶液离子强度之间的关系。

可模拟地球化学反应的常用软件有很多，如 MINEWL+（Schecher 和 McAvoy，1992）、Geochemist's Workbench（Bethke 和 Yeakel，2009）、PHREEQC（Parkhurst 和 Appelo，2013）。这些地球化学模拟软件提供的是综合反应模型。选择介绍 PHREEQC 是因为其是一款完备的地球化学软件包，能提供综合反应运移模拟所需的所有基本功能。该软件有别于其他地球化学模拟软件的一些特色功能包括：

（1）PHREEQC 可以轻易处理与气体接触的溶液反应；
（2）PHREEQC 可模拟局部平衡与动力学控制的固—液作用；
（3）PHREEQC 具有多个活度系数模型。

6.2.3 UTCOMP 中地球化学物质的实现及与 IPHREEQC 的耦合

Korrani（2014）将地球化学元素的运移作用嵌入 UTCOMP 模拟器中。这意味着目前可在每个时间步求解关于油气和地球化学物质的质量守恒方程（6.43）。为了缩短计算时间，通常的做法是只求解与主要地球化学物质（元素）相关的质量守恒方程，而不是针对所有地球化学物质（Bhuyan，1989）均求解其质量守恒方程。比如说，如果水相中含有以下地球化学物质：Na^+、Ca^{2+}、H^+、CO_3^{2-}、SO_4^{2-}、$CaCO_{3(aq)}$、HCO_3^-、$NaSO_4^-$ 和 $CaSO_{4(s)}$，那么主要的地球化学元素为 Na、Ca、S、C、H 和 O。利用化学计量系数乘以地球化学物质浓度，可根据先反应的地球化学物质评估后反应的地球化学物质。此例中，地球化学元素的浓度可由下式表征：

$$C_{Ca(initial)} = C_{Ca^{2+}} + C_{CaCO_3(aq)} + C_{CaSO_4(s)} \tag{6.53}$$

$$C_{Na(initial)} = C_{Na^+} + C_{NaSO_4^-} \tag{6.54}$$

$$S_{S(6)(initial)} = C_{SO_4^{2-}} + C_{NaSO_4^-} + C_{CaSO_4(s)} \tag{6.55}$$

$$C_{C(4)(initial)} = C_{CO_3^{2-}} + C_{CaCO_3(aq)} + C_{HCO_3^-} \tag{6.56}$$

$$C_{H(initial)} = C_{H^+} + C_{HCO_3^-} \tag{6.57}$$

在每一时间步中,一旦计算出网格中元素的浓度,便将其输入到地球化学软件（IPHREEQC）中,以确定每个网格块的平衡状态。虽然实际的物质输运和化学反应是同时进行的,但在这种方法中,认为二者分步进行并采用顺序非迭代法进行求解。

6.2.4 间歇反应计算

地球化学元素是活性示踪剂,它们在地球化学反应中发生相互作用。因此,在求解质量守恒方程得到新的地球化学元素的浓度之后,必须考虑元素之间的地球化学反应。通常情况下,将模拟模型中的每个网格均视为间歇单元,其内发生间歇反应；打个比方,可将每个网格均假定为一个装有溶液和反应物的烧杯,其内可以发生化学反应（Zhu 和 Anderson,2002）。

这里举一个关于间歇反应的例子。考虑一个烧杯中含有一定浓度的前面提及的地球化学元素（Na、Ca、S、C、H、O）,假设以下地球化学反应仅在水相中的这些元素之间发生：

$$Ca^{2+} + CO_3^{2-} \longleftrightarrow CaCO_{3(aq)} \tag{6.58}$$

$$H^+ + CO_3^{2-} \longleftrightarrow HCO_3^- \tag{6.59}$$

$$Na^+ + SO_4^{2-} \longleftrightarrow NaSO_4^- \tag{6.60}$$

下面考虑硬石膏（$CaSO_{4(s)}$）的溶解/沉淀反应：

$$CaSO_{4(s)} \longleftrightarrow Ca^{2+} + SO_4^{2-} \tag{6.61}$$

这种情况下,确定系统的平衡状态需要知道 Na^+、H^+、Ca^{2+}、CO_3^{2-}、SO_4^{2-}、$CaCO_{3(aq)}$、HCO_3^-、$NaSO_4^-$ 和 $CaSO_{4(s)}$ 的浓度。因此,得到间歇单元平衡状态的唯一解需要用到 9 个方程。

如前所述 [式（6.53）至式（6.57）],根据每个地球化学元素的质量守恒（原理）可得到 5 个方程。由水相中地球化学反应的质量作用方程还可得到另外 3 个方程,表示如下：

$$K_1 = \frac{[CaCO_{3(aq)}]}{[Ca^{2+}][CO_3^{2-}]} \tag{6.62}$$

$$K_2 = \frac{[HCO_3^-]}{[H^+][CO_3^{2-}]} \tag{6.63}$$

$$K_3 = \frac{[NaSO_4^-]}{[Na^+][SO_4^{2-}]} \tag{6.64}$$

最后一个方程由系统中固相的溶度积确定,如下所示：

$$K_{sp} \geq [Ca^{2+}][SO_4^{2-}] \tag{6.65}$$

若系统中存在固体,则相应的溶度积约束条件为等式；若系统中不存在固体,则相应的溶解度积约束条件为不等式。

应注意，式（6.62）至式（6.65）中的中括号代表的是地球化学物质的浓度。但正如先前在式（6.14）所讨论的那样，这是假定活度系数为1时的近似结果；因此，各地球化学物质的活度等于它们的浓度。此外，值得一提的是，平衡常数（K）和溶度积（K_{sp}）与温度和压力有关，并且文献中详细记载了针对各种不同反应的平衡常数和溶度积。

整理式（6.53）至式（6.57）和式（6.62）至式（6.65），得：

$$C_{Ca(initial)} - (C_{Ca^{2+}} + C_{CaCO_3(aq)} + C_{CaSO_4(s)}) = 0 \tag{6.66}$$

$$C_{Na(initial)} - (C_{Na^+} + C_{NaSO_4^-}) = 0 \tag{6.67}$$

$$C_{S(6)(initial)} - (C_{SO_4^{2-}} + C_{NaSO_4^-} + C_{CaSO_4(s)}) = 0 \tag{6.68}$$

$$C_{C(4)(initial)} - (C_{CO_3^{2-}} + C_{CaCO_3(aq)} + C_{HCO_3^-}) = 0 \tag{6.69}$$

$$C_{H(initial)} - (C_{H^+} + C_{HCO_3^-}) = 0 \tag{6.70}$$

$$K_1 \{\gamma_{Ca^{2+}} C_{Ca^{2+}}\} \{\gamma_{CO_3^{2-}} C_{CO_3^{2-}}\} - \{\gamma_{CaCO_3(aq)} C_{CaCO_3(aq)}\} = 0 \tag{6.71}$$

$$K_2 \{\gamma_{H^+} C_{H^+}\} \{\gamma_{CO_3^{2-}} C_{CO_3^{2-}}\} - \{\gamma_{HCO_3^-} C_{HCO_3^-}\} = 0 \tag{6.72}$$

$$K_3 \{\gamma_{Na^+} C_{Na^+}\} \{\gamma_{SO_4^{2-}} C_{SO_4^{2-}}\} - \{\gamma_{NaSO_4^-} C_{NaSO_4^-}\} = 0 \tag{6.73}$$

$$K_{sp} \geq \{\gamma_{Ca^{2+}} C_{Ca^{2+}}\} \{\gamma_{SO_4^{2-}} C_{SO_4^{2-}}\} \tag{6.74}$$

式（6.66）至式（6.74）是高度耦合的非线性方程。因此，可利用牛顿—拉弗森等迭代方法来求解这些非线性方程组。值得一提的是，质量作用式（6.71）至式（6.74）是以不同地球化学物质的活度的一般形式表示的。而且，不同物质（γ）的活度系数可通过不同活度系数模型进行表征，这增强了方程组的非线性特征。应该注意的是，电荷平衡也应考虑在内，即正负电荷的总和必须相等，因为实际溶液中正负电荷应保持平衡。为了保持电荷平衡，通常调整一种带电物质，如Cl^-。例如，UTCHEM直接利用水相组分的电荷平衡方程代替氧元素的质量守恒方程，而PHREEQC则将水相组分的电荷平衡方程作为判断溶液是否被中和的准则，否则它将继续进行迭代计算。

Korrani（2014）将IPHREEQC耦合到UTCOMP模拟器，以计算每一时间步下每个网格的间歇反应。IPHREEQC是PHREEQC软件包的免费开源模块，开发PHREEQC的目的是将其用于脚本语言，并集入C++、C和Fortran程序。IPHREEQC的"I"代表的是"接口"的意义，而IPHREEQC提供了这样一个接口：利用此接口，通过一组定义明确的方式，可以在UTCOMP模拟器和PHREEQC地球化学模拟软件之间实现数据传输，而无须写入文件和读取文件。关于IPHREEQC和UTCOMP耦合的更多信息请参加他处（Korrani，2014）。

值得注意的是，上面提出的间歇反应计算方法也可用于其他间歇反应的计算，不局限于文中讨论的间歇反应（如阳离子表面活性剂缔合反应、表面络合反应、动力学反应和交换反应）。

6.2.5 烃相对溶液—岩石地球化学反应的影响

文献中已有几项研究指出了水溶性烃类组分对于多相反应运移（尤其是在二氧化碳储集与封存领域）的重要性（Nghiem等，2004；Liu和Maroto-Valer，2010；Zhang等，2011；

Xu 等，2011）。烃类对溶液-岩石地球化学反应的影响可以分为两类：可溶性烃组分（例如 CH_4 和 CO_2）的影响以及酸性/碱性组分的影响。

（1）可溶性烃组分的影响。

在可溶性烃组分中，二氧化碳溶于水相并形成碳酸。碳酸会影响体系的 pH 值和碳酸盐的阴离子（碳酸根离子），碳酸根离子可与水相中存在的其他阳离子发生相互作用而形成不溶性碳酸盐。因此，可溶性烃组分会直接影响矿物的溶解和沉淀。此外，可溶性烃类组分可以覆盖在矿物表面上，从而间接地减少了与矿物发生沉淀和溶解作用有关的有效表面积（Zhang 和 Billegas，2012）。

由基础热力学可知，可溶性烃组分在各相（水相、油相和气相）中具有相同的逸度。模拟烃组分的溶解度时常用到"逸度"这个概念，表示如下：

$$f_{CO_2}^w = f_{CO_2}^o = f_{CO_2}^g \tag{6.75}$$

$$f_{CH_4}^w = f_{CH_4}^o = f_{CH_4}^g \tag{6.76}$$

（2）酸性/碱性组分的影响。

原油的酸性/碱性组分可以在烃相和水相之间进行交换。酸性组分主要包括树脂和沥青成分中所含的全部羧酸（RCOOH）（Farooq 等，2011）。这些组分在碱驱、表面活性剂驱、聚合物驱中非常重要（Bhuyan，1989）。碱性组分包括连接一个氮原子以及一个或多个芳香环的杂环芳香族化合物（Farooq 等，2011）。近来，有研究者对酸性组分和碱性组分进行研究，以解释低矿化度/工程注水提高原油采收率的相关机理（Austad 等，2010；RezaeiDoust 等，2011；Farooq 等，2011）。

IPHREEQC/PHREEQC 适当地考虑了可溶性烃组分对溶液—岩石地球化学反应的影响。但是，Korrani（2014）对 IPHREEQC 的数据库进行了修改，将酸性/碱性地球化学反应和 UTCOMP-IPHREEQC 中的其他反应也包括在内。考虑可溶性烃组分的两种常见方法为：顺序迭代法（Mangold 和 Tsang，1991）和联立求解法（又称全耦合法，Steefel 和 Lasaga，1992）。对于顺序迭代法，其流动方程和地球化学方程处于同一迭代循环中，对方程分别按顺序逐次求解，直至收敛。然而，联立求解法则是采用牛顿（迭代）法对方程组进行同步求解。Korrani（2014）采用了顺序迭代法，因为相较于全耦合法而言，该方法占用的计算机内存更小。与 IPHREEQC 耦合后的 UTCOMP 模拟器的简化（计算）流程如图 6.3 所示，其中包括了地球化学物质的质量守恒方程并考虑了烃相对溶液—岩石地球化学反应的影响。

在图 6.3 中，TNK_i、$TNKTG_i$ 和 f_i 分别为烃相组分 i 的总摩尔数、地球化学元素 i 的总摩尔数和组分 i 的逸度。通过按顺序执行两次闪蒸计算（烃—水相的闪蒸计算和油—气相的闪蒸计算），该方法考虑了烃相组分的溶解度。

Korrani（2014）针对单相（仅含水相）或两相（脱气原油相和水相）的情形，提出了一个更简化的流程图，此时烃相对溶液—岩石地球化学反应的影响可以忽略（如图 6.4 所示）。在这种情况下，可以分别独立地计算烃相和水相的相组成。

此外，Korrani（2014）对 UTCOMP-IPHREEQC 集成模拟器的地球化学模块进行了并行化处理，以减少计算时间，尤其是对于大尺度油藏模拟（可更为省时）。更多关于 UTCOMP-IPHREEQC 并行处理版（计算）算法的信息可参见别处（Korrani，2014）。

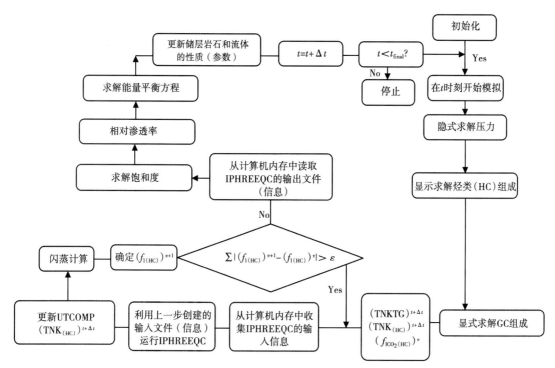

图 6.3 简化的考虑烃相对溶液—岩石地球化学反应影响的
UTCOMP-IPHREEQC 计算流程图（据 Korrani，2014）

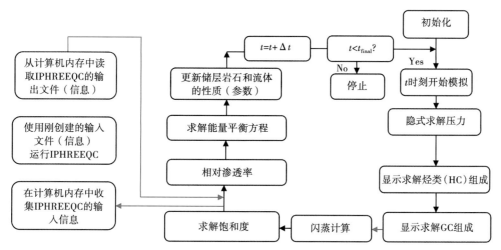

图 6.4 简化的未考虑相对溶液—岩石地球化学反应影响的 UTCOMP—IPHREEQC 计算流程图
（据 Korrani，2014）

6.3 地球化学在 LSWI/EWI 领域的应用

关于溶解/沉淀过程对低矿化度注水提高产油量的影响，已有人对此进行了模拟研究。Evje 等（2009）将溶解/沉淀反应与碳酸盐岩储层中白垩岩弱化效应相关的输运过程相耦合，提出了针对 Madland（2009）实验结果的一维数学模型。该模型由一系列以水相为代表的对流扩散方程和以固相为代表的常微分方程组成。首先用纯水饱和实验岩心，然后在130℃的高温下以恒定速度向其注入 $MgCl_2$ 溶液；将模拟结果与实验结果相比较，从而对该模型进行评估。随着 $MgCl_2$ 溶液注入白垩岩岩心，此模型反映出的主要特征是：$MgCO_3$ 发生沉淀，而 $CaCO_3$ 发生溶解。

此后，Evje 和 Hiorth（2009）基于室内实验提出了一个新的数学模型，该室内实验考虑了油水两相（压力驱动或毛管力驱动）、水化学、水—岩石的相互作用以及水—岩石相互作用引起的润湿性动态变化。此模型是一维自发渗吸模型，润湿性的改变与方解石的溶解相关。通过定义水湿和混合润湿条件下的相渗曲线和毛管力曲线并在这两种润湿状态（的属性值）之间进行插值，此模型考虑了润湿性的动态变化，而这取决于钙的溶解作用，尤其是硫酸根离子和镁离子的浓度。此外，鉴于观察到的实验特征，该模型还考虑了温度变化的影响。这一模型与其他模型的不同之处在于——它是少有的同时强调水—岩石相互作用和采油模拟的研究两相动态的模型之一。

后一种模型假设岩石最初饱和了地层盐水，且地层水与岩石矿物处于平衡状态。一旦注入含有改性离子组分的水后，离子便通过分子扩散作用运移至岩石，而分子扩散作用形成以一定速度移动的浓度前缘，在这些前缘处及其后部发生化学反应。这些反应是为达到化学平衡和进行水—岩相互作用而发生的溶液反应，而水—岩相互作用是方解石溶解引起润湿性改变的原因之一。该模型考虑了不同的离子组分浓度以及由水—岩相互作用引起的化学反应，例如：

$$\begin{aligned} CaCO_{3(s)} + H^+ &\longleftrightarrow Ca^{2+} + HCO_3^- \quad （溶解/沉淀） \\ CaSO_{4(s)} &\longleftrightarrow Ca^{2+} + SO_4^{2-} \quad （溶解/沉淀） \\ MgCO_{3(s)} + H^+ &\longleftrightarrow Mg^{2+} + HCO_3^- \quad （溶解/沉淀） \end{aligned} \quad (6.77)$$

水相中的相互作用：

$$\begin{aligned} CO_2 + H_2O &\longleftrightarrow HCO_3^- + H^+ \\ HCO_3^- &\longleftrightarrow CO_3^{2-} + H^+ \end{aligned} \quad (6.78)$$

该模型将不同离子的化学活度和活度系数的定义结合起来。将毛管力和相对渗透率的流动函数以与方解石溶解度 $[H(\rho_c)]$ 相关的形式分别表示如下：

$$\begin{aligned} p_c(s, \rho_c) &= H(\rho_c) p_c^{ow}(s) + [1 - H(\rho_c)] p_c^{ww}(s) \\ K(s, \rho_c) &= H(\rho_c) K_c^{ow}(s) + [1 - H(\rho_c)] K^{ww}(s) \end{aligned} \quad (6.79)$$

Hiorth 等（2010）研究了水化学对纯碳酸钙岩石表面电荷和岩石溶解的影响，并构建了一个耦合溶液化学和表面化学的化学模型，以解释矿物的溶解与沉淀。他们将 Stevns Klint 灰岩露头的自发渗吸实验与该模型进行对比。结果表明：高温下表面电势趋于稳定，由此得出，表面电荷并不是润湿性改变的主控因素；因此，不能依据表面电势的变化证明原油采收率与温度之间的密切关系。他们认为，原油采收率与温度关系密切的原因是方解石的溶解。在低温下，方解石与海水处于平衡状态；然而，随着温度的升高，方解石与海水中的硫酸盐发生反应，引起硫酸盐矿物（硬石膏）的沉淀。因此，水相中消耗的钙需要由岩石中的钙来补充，从而保持钙的平衡。Ca^{2+} 的供给来源于方解石的溶解。如果在原油附着处发生方解石溶解，便会引起油滴的释放。

因此，他们认为高温下的热力学不稳定条件是润湿性改变的原因，其形式为方解石的溶解而不是方解石表面电荷的变化，这一观点尤其适用于正电离子（Ca^{2+}和Mg^{2+}）注入岩心而对原油采收率的提高进行解释的时候。该研究（结果）与Yousef等（2011）从核磁共振T_2分布曲线中观察到的结果相矛盾；Yousef等（2011）的观察结果表明：表面电荷的变化比溶解作用更为重要；否则，核磁共振T_2分布曲线的振幅会更高，松弛速率会更慢。

除此之外，Omekeh等（2012）提出了一个描述碳酸盐岩的溶解/沉淀过程以及多组分离子交换的模型，以模拟低矿化度/工程注水提高原油采收率。该模型认为，岩石表面释放的二价阳离子改变了相对渗透率，从而可采出更多原油。为了在预先设定的高矿化度和低矿化度的两组相对渗透率之间进行插值，定义了一个与二价离子的解吸附有关的比例函数（或标度函数F），表示如下：

$$K(s,\beta_{Ca},\beta_{Mg}) = F(\beta_{Ca},\beta_{Mg})K^{HS}(S) + [1 - F(\beta_{Ca},\beta_{Mg})]K^{LS}(S) \quad (6.80)$$

式中 β_{Ca}和β_{Mg}——分别为吸附的钙离子和镁离子。

通过对两相岩心驱替实验结果的拟合，验证了模型的正确性。他们认为，方解石的溶解和离子交换是LSWI/EWI影响采收率的原因。

对于现有的低矿化度注水模型而言，鲜有模型能充分体现不同地球化学反应对原油采收率的影响。Dang等（2013）提出了一种关于低矿化度水的研究模型，它将考虑不同地球化学过程的综合离子交换模型与应用多组分多相流状态方程（EOS）的组分模拟器相耦合。他们把在相对渗透率曲线之间进行插值的插值系数定义为：

$$\omega = \frac{Ca-X_2 \times CEC}{CEC_{max}} \quad (6.81)$$

式中 $Ca—X_2$——黏土（离子）交换剂上Ca^{2+}的当量分数；

CEC——黏土的阳离子交换容量；

CEC_{max}——黏土阳离子交换容量的最大值。

Fjelde等（2012）针对北海油藏进行了低矿化度岩心驱替实验，Rivet等（2009）针对Texas油藏进行了非均质岩心驱替实验，Dang等（2013）利用二者的实验结果对其所提出的模型进行了验证。

Korrani等（2013）将先进的地球化学软件IPHREEQC（Parkhurst和Appelo，2013）与UTCHEM模拟器耦合，开发了一款功能强大、计算精确、操作灵活的模拟器，将其命名为UTCHEM-IPHREEQC。该模拟器可用于模拟低矿化度注水以及其他与地球化学相关的IOR/EOR工艺。如前所述，Korrani等（2014）又将IPHREEQC与UTCOMP耦合。后一次耦合工作的目的在于：研究水溶性烃相组分（如CO_2、CH_4以及原油中的酸性/碱性组分）对水相pH值的缓冲作用，更一般地来说，是研究水溶性烃相组分对原油、地层盐水和岩石（之间所发生的）反应的影响。

Korrani（2014）利用总离子强度作为两组相渗曲线的插值参数，借助后一种模拟器对Kozaki（2012）的实验结果进行了模拟。这种建模理念由Ligthelm等（2009）首先提出：

$$\theta = \frac{TIS_{max} - TIS(x,t)}{TIS_{max} - TIS_{min}} \quad (6.82)$$

式中 θ——插值参数;

TIS_{max}——最大总离子强度,高于此值则润湿性无变化;

$TIS(x,t)$——某一模拟时刻下网格的总离子强度;

TIS_{min}——润湿性改变幅度最大时的总离子强度。

Chandrasekhar 和 Mohanty(2013)利用碳酸盐岩进行了岩心驱替实验;Korrani(2014)通过考虑以下插值参数,模拟了其中一个实验:

$$\theta = \frac{\xi_{max} - \xi(x,t)}{\xi_{max} - \xi_{min}} \tag{6.83}$$

式中 $\xi(x,t)$——网格的方解石数量;

ξ_{max}——(最大)方解石数量,高于此值则润湿性不发生变化;

ξ_{min}——(最小)方解石数量,此数量下的方解石发生溶解可使岩石完全水湿。

值得一提的是,此地球化学模型包括溶液反应、溶解/沉淀反应、交换反应以及表面络合反应。

Qiao 等(2015)提出了一个预测 LSWI 提高原油采收率的地球化学机理模型,该模型考虑了表面络合反应、溶液反应以及方解石和硬石膏的溶解/沉淀反应。这些地球化学反应结合了 IMPEC 内置模拟器——PennSim(PennSim Toolkit, Qiao 等,2014)中的多相流方程和输运方程。利用附着在方解石矿物表面的油酸的浓度作为标度系数,对相对渗透率和残余油饱和度进行校正。采用的标度系数及相应的化学反应如下所示:

$$\theta = \frac{c - c_{ww}}{c_{ow} - c_{ww}} \tag{6.84}$$

$$>CaOH_2^+(-COO^-) \longleftrightarrow >CaOH_2^+ + -COO^- \tag{6.85}$$

式中 c, c_{ww}, c_{ow}——分别为">$CaOH_2^+$(—COO^-)"在当前状态、端点水湿状态、油湿状态下的表面浓度。

该模型成功拟合了文献中的四个岩心驱替实验(Strand 等,2008;Fathi 等,2010;Austad 等,2012;Yousef 等,2012)。此外,他们利用校正的反应网络设计了二维五点井网,在合理的注入孔隙体积倍数(2PVI)的条件下,原油采收率提高了 5%~20%。

Al-Shalabi 等(2015)强调了地球化学反应和活度系数模型的重要性。他们通过模拟最近发表的 LSWI 岩心驱替实验(Yousef 等,2011)的液相和固相组分的浓度,对两个地球化学模拟器——UTCHEM(UTCHEM 技术文档,2000)和 PHREEQC(Parkhurst 和 Appelo,2013)进行了对比。对两个模拟器进行的关于液体物质(硫酸盐)和固体物质(硬石膏)的对比分别如图 6.5 和图 6.6 所示。

在后面的研究中,研究者强调有必要考虑活度系数模型和水的活度,进而从地球化学的角度精确预测液相和固相组分的浓度。基于前人的研究成果,Luo 等(2016)依据不同的反应物质、阳离子交换反应和数值收敛性选择不同的活度系数模型,从而改进了 UTCHEM 模拟器中的地球化学模拟软件。利用 PHREEQC 和 UTCHEM-IPHREEQC 对这一升级版的地球化学模拟器进行了验证;验证结果表明:在实现相同精度的条件下,该(升级)软件的计算效率更高。

Al-Shalabi 等(2016)应用 UTCHEM 的最新升级版提出了一个 LSWI 的机理模型,该模

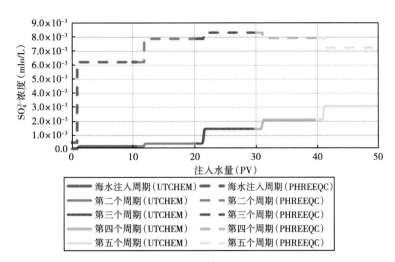

图 6.5 使用 UTCHEM 和 PHREEQC-fluid 模拟计算的硫酸根离子浓度（据 Al-shalabi 等，2015）

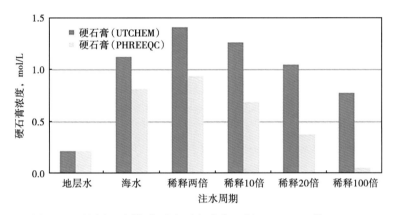

图 6.6 不同注入周期的无水石膏浓度（据 Al-Shalabi 等，2015）

型研究了由 LSWI 引起的不同地球化学反应对原油采收率的影响。他们利用该模型对近期发表的岩心驱替实验数据（Yousef 等，2011、2012；Chandrasekhar 和 Mohanty，2013）进行历史拟合，并对该模型进行了验证。他们修正了 UTCHEM 模拟器中的地球化学模型以计算盐水的有效摩尔吉布斯自由能。将溶液的摩尔吉布斯自由能定义为（Sandler，2006）：

$$G = \sum_{i=1}^{N_{aq}} (\bar{x}_i \mu_i) \tag{6.86}$$

式中，$\bar{x}_i$——溶液组分 i 的摩尔分数；

μ_i——组分 i 的化学势。

各组分的摩尔分数和化学势可表示为：

$$\bar{x}_i = \frac{x_i}{x_{tot}} \tag{6.87}$$

$$\mu_i = G_i^o + RT\ln\alpha_i \tag{6.88}$$

式中　x_i——组分 i 的摩尔数；

　　　x_{tot}——溶液中总的摩尔数；

　　　G_i^o——标准吉布斯自由能；

　　　R——通用气体常数；

　　　T——温度；

　　　α_i——组分 i 的活度。

关于 Yousef 等（2011）岩心驱替实验的有效摩尔吉布斯自由能的计算示例如图 6.7 所示。

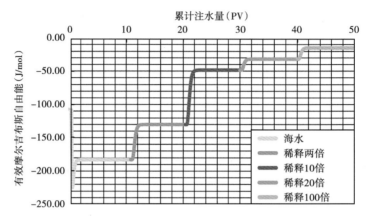

图 6.7　利用 LSWI 机理模型（Al-Shalabi 等，2016）计算 Yousef 等（2011）岩心驱替实验的有效摩尔吉布斯自由能

该模型中，包含残余油饱和度的相渗曲线是有效摩尔吉布斯自由能的函数。本例中用于校正残余油饱和度的标度系数是有效摩尔吉布斯自由能的函数，其定义如下：

$$\omega S = \frac{\underline{G} - \underline{G}^{\text{HS}}}{\underline{G}^{\text{LS}} - \underline{G}^{\text{HS}}} \tag{6.89}$$

式中　$\underline{G}$——地下原生水和注入水的混合溶液的有效摩尔吉布斯自由能，J/mol；

　　　$\underline{G}^{\text{HS}}$——地下原生水与（注入）海水的混合溶液的有效摩尔吉布斯自由能，J/mol；

　　　$\underline{G}^{\text{LS}}$——残余油饱和度 S_{or} 为常数时地下原生水与低矿化度水的混合溶液的有效摩尔吉布斯自由能，J/mol。

图 6.8 给出了一个利用 LSWI 机理模型拟合 Chandrasekhar 和 Mohanty（2013）实验流出水的硫酸根离子浓度的例子。该机理模型通过摩尔吉布斯自由能的变化，体现了润湿性变化、离子运移和/或溶解作用对原油采收率的影响。

Adegbite 等（2017a）通过对 Chandrasekhar 和 Mohanty（2013）的实验结果进行历史拟合，研究了关于工程注水对碳酸盐岩岩心原油采收率影响的机理模拟。关于掺有一定浓度硫酸盐的海水对碳酸盐岩岩心原油采收率的影响，他们采用 CMG-GEM 对其进行历史拟合及模拟。他们利用已发表的关于中东碳酸盐岩储层的岩石-流体数据和采收率数据建立了岩心模型。其模拟过程包含不同的地球化学反应，如溶液反应、溶解/沉淀反应以及离子交换反应。基于多离子交换反应，提出了一种工程注水模型，该模型可用于预测碳酸盐岩储层应用 EWI 所能提高的原油采收率。

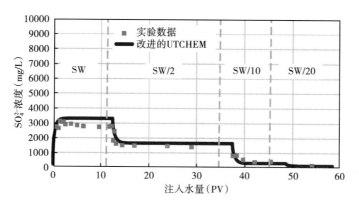

图 6.8 利用 LSWI 机理模型（Al-Shalabi 等，2016）拟合 Chandrasekhar 和 Mohanty（2013）岩心驱替实验的硫酸根离子浓度

EWI 模型基于 Zhang 等（2006）提出的多离子交换机理。对于碳酸盐岩，阴离子交换反应在带正电的碳酸盐岩表面进行，水中的硫酸根离子与原油中带负电的羧酸基进行交换。这种交换作用导致残余油滴释放出来，并使岩石润湿性改变即亲水性增强。随着油藏温度的升高，岩石表面吸附的硫酸盐也随之增加。将该模型的化学反应表示如下：

$$SO_4^{2-} + 2CH_3COO—X \longleftrightarrow 2CH_3COO^- + SO_4—X_2 \qquad (6.90)$$

式中 X——碳酸盐岩；

CH$_3$COO$^-$——原油中的羧酸基。

利用 GEM 模拟 EWI 提高原油采收率时用到了后面的方程式，其中地层水和工程用水（含有硫酸盐的海水）的相对渗透率和毛管力曲线之间的插值均以碳酸盐岩表面上硫酸盐的当量分数 ζ（SO$_4$—X$_2$）作为标度系数。

由图 6.9 可知，注入含硫酸盐的海水使碳酸盐岩（离子）交换剂上的 SO$_4^{2-}$ 的浓度增加而使 CH$_3$COO$^-$ 的浓度降低。因此，就当量分数而言，随着时间的推移，ζ（SO$_4$—X$_2$）升高，而 ζ（CH$_3$COO—X）降低。

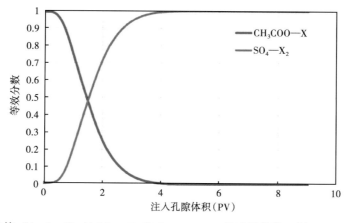

图 6.9 网格块（1，1，1）处 SO$_4$—X$_2$ 和 CH$_3$COO—X 的当量分数（据 Adegbite 等，2017a）

离子交换反应释放出的羧酸根离子（CH_3COO^-）可与溶液中其他游离的阳离子生成络合物，如 $CaCH_3COO^+$。后者导致溶液中 Ca^{2+} 的浓度降低，因此，方解石发生溶解并且 pH 值升高。矿物的溶解和沉淀改变了多孔介质的孔隙体积，本模型可以充分体现这一点。如图 6.10 所示，方解石的溶解导致模拟岩心的孔隙度增加。另外，利用 Kozeny-Carman 公式可以计算矿物溶解/沉淀时渗透率的变化（图 6.11）：

$$\frac{K}{K^0} = \left(\frac{\varphi}{\varphi^0}\right)^3 \left(\frac{1-\varphi^0}{1-\varphi}\right)^2 \tag{6.91}$$

式中　K^0 和 φ^0——分别为初始渗透率和初始孔隙度。

图 6.11 显示，注入约 9 倍孔隙体积的工程水之后，矿物发生溶解，绝对渗透率增加。应注意，与生产井相比，注入井周围的孔隙度和渗透率剖面的整体变化更为显著。

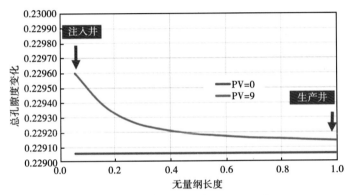

图 6.10　孔隙度剖面的总变化（据 Adegbite 等，2017b）

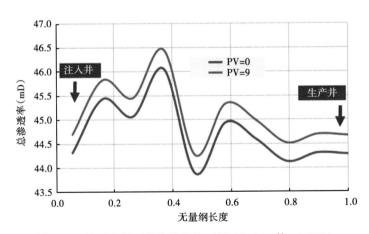

图 6.11　渗透率剖面的整体变化（据 Adegbite 等，2017b）

值得一提的是，利用此模型成功地拟合了采收率、压降、出水离子浓度（包括 pH 值）等数据。

第 7 章将讨论这种地球化学和组分（模拟）方法的其他应用；第 7 章还涉及低矿化度/工程注水的其他应用，将重点讨论低盐度水和二氧化碳的联合注入工艺。

利用 LSWI 机理模型（Al-Shalabi 等，2016）计算 Yousef 等（2011）岩心驱替实验的有效摩尔吉布斯自由能。

参 考 文 献

Adegbite, J. O., Al-Shalabi, E. W., Ghosh, B., 2017a. Modeling the effect of engineered water injection on oil recovery from carbonate cores. Paper SPE 184505, SPE International Conference on Oilfield Chemistry, Montgomery, Texas, USA.

Adegbite, J. O., Al-Shalabi, E. W., Ghosh, B., 2017b. Private communication.

Acs, G., Deleschall, S., Farkas, E., 1985. General purpose compositional model. SPE J. 25 (4), 543-553.

Al-Shalabi, E. W., Sepehrnoori, K., Delshad, M., 2014. Mechanisms behind low salinity water injection in carbonate reservoirs. Fuel J. 121, 11-19.

Al-Shalabi, E. W., Sepehrnoori, K., Pope, G., 2015. Geochemical interpretation of low salinity water injection in carbonate oil reservoirs. SPE J. 20 (6), 1212-1226.

Al-Shalabi, E. W., Sepehrnoori, K., Pope, G., 2016. Mechanistic modeling of oil caused by low-salinity-water injection in oil reservoirs. SPE J. 21 (3), 730-743.

Austad, T., RezaeiDoust, A., Puntervold, T., 2010. Chemical mechanism of low salinity water flooding in sandstone reservoirs. In: Paper SPE 129767, SPE Improved Oil Recovery Symposium, Tulsa, OK.

Austad, T., Shariatpanahi, S. F., Strand, S., Black, C. J. J., Webb, K. J., 2012. Conditions for a low-salinity enhanced oil recovery (EOR) effect in carbonate oil reservoirs. Energy Fuels. 26 (1), 569-575.

Bethke, C., Yeakel, S., 2009. Geochemist's Workbench: Release 8.0 Reference Manual. Champaign, IL.

Bhuyan, D., 1989. Development of an alkaline/surfactant/polymer compositional reservoir simulator. PhD Dissertation, The University of Texas at Austin, Austin, TX.

Chandrasekhar, S., Mohanty, K. K., 2013. Wettability alteration with brine composition in high temperature carbonate reservoirs. In: Paper SPE 166280, SPE Annual Technical Conference and Exhibition, New Orleans, LA.

Chang, Y., 1990. Development of a three-dimensional, equation-of-state compositional reservoir simulator for miscible gas flooding. PhD Dissertation, The University of Texas at Austin, Austin, TX.

Charlton, S. R., Parkhurst, D. L., 2011. Modules based on the geochemical model PHREEQC for use in scripting and programming languages. Comput. Geosci. 37 (10), 1653-1663.

Computer Modeling Group (CMG), 2016. User technical manual.

Dang, C. T. Q., Nghiem, L. X., Chen, Z., Nguyen, Q. P., 2013. Modeling low salinity waterflooding: ion exchange, geochemistry and wettability alteration. In: Paper SPE 166447, SPE Annual Technical Conference and Exhibition, New Orleans, LA.

Davis, J. A., James, R. O., Leckie, J. O., 1978. Surface ionization and complexation at the oxide/water interface. Computation of electrical double layer properties in simple electrolyte. Colloids Interfacial Sci. 63, 480-499.

Delshad, M., Pope, G. A., Sepehrnoori, K., 1996. A compositional simulator for modeling surfactant enhanced aquifer remediation. J. Contam. Hydrol. 23, 303–327.

Dzombak, D. A., Morel, F. M. M., 1990. Surface Complexation Modeling: Hydrous Ferric Oxide. John Wiley & Sons, New York.

Evje, S., Hiorth, A., 2009. A mathematical model for dynamic wettability alteration controlled by water–rock chemistry. Netw. Heterogen. Media. 5 (2), 217–256.

Evje, S., Hiorth, A., Madland, M. V., Korsnes, R. I., 2009. A mathematical model relevant for weakening of chalk reservoirs due to chemical reactions. Netw. Heterogen. Media. 4 (4), 755–788.

Farajzadeh, R., Matsuura, T., Van Batenburg, D., Dijk, H., 2012. Detailed modeling of the alkali/surfactant/polymer (ASP) process by coupling a multipurpose reservoir simulator to the chemistry package PHREEQC. SPE Reserv. Eval. Eng. 15 (4), 423–435.

Farooq, U., Asif, N., Tweheyo, M. T., Sjoblom, J., Oye, G., 2011. Effect of low salinity aqueous solutions and pH on the desorption of crude oil fractions from silica surfaces. Energy Fuels. 25 (5), 2058–2064.

Fathi, S. J., Austad, T., Strand, S., 2010. Smart water as a wettability modifier in chalk: the effect of salinity and ionic composition. Energy Fuels. 24 (4), 2514–2519.

Fjelde, I., Asen, S. M., Omekeh, A., 2012. Low salinity water flooding experiments and interpretation by simulations. In: Paper SPE 154142, SPE Improved Oil Recovery Symposium, Tulsa, OK.

Gaines, G. L., Thomas, H. C., 1953. Adsorption studies on clay minerals. A formulation of the thermodynamics of exchange adsorption. J. Chem. Phys. 21, 714–718.

Garrels, R. M., Christ, C. L., 1965. Solutions, Minerals, and Equilibria. Harper & Row, New York.

Green, D. W., Willhite, G. P., 1998. Enhanced Oil Recovery. SPE, Richardson, TX.

Grenthe, I., Plyasunov, A. V., Spahiu, K., 1997. Estimations of medium effects on thermodynamic data. Modelling in Aquatic Chemistry., OECD Publications, Chapter IX.

Havre, T. E., Sjoblom, J., Vindstad, J. E., 2003. Oil/water-partitioning and interfacial behavior of naphthenic acids. J. Dispers. Sci. Technol. 24 (6), 789–801.

Hiorth, A., Cathles, L. M., Madland, M. V., 2010. Impact of pore water chemistry on carbonate surface charge and oil wettability. Transp. Porous Media. 85 (1), 1–21.

Hirasaki, G. J., 1982. Interpretation of the change in optimal salinity with overall surfactant concentration. SPE J. 22 (6), 971–982.

Jhaveri, B. S., Youngren, G. K., 1988. Three parameter modification of the Peng Robinson equation of state to improve volumetric predictions. SPE Reserv. Eng. 3 (3), 1033–1040.

Korrani, A. K. N., 2014. Mechanistic modeling of low salinity water injection. PhD Dissertation, The University of Texas at Austin, TX.

Korrani, A. K. N., Sepehrnoori, K., Delshad, M., 2013. A novel mechanistic approach for modeling low salinity water injection. In: Paper SPE 166523, SPE Annual Technical Conference and Exhibition, LA.

Korrani, A. K. N., Jerauld, G. R., Sepehrnoori, K., 2014. Coupled geochemical-based modeling of low salinity waterflooding. In: Paper SPE 169115, SPE Improved Oil Recovery Symposium, Tulsa, OK.

Kozaki, C., 2012. Efficiency of low salinity polymer flooding in sandstone cores. Master Thesis, The University of Texas at Austin, Austin, TX.

Lager, A., Webb, K. J., Black, C. J. J., Singleton, M., Sorbie, K. S., 2008. Low salinity oil recovery: an experimental investigation. Petrophysics. 49 (1), 28-35.

Lager, A., Webb, K., Seccombe, J., 2011. Low salinity waterflood, Endicott, Alaska: geochemical study & field evidence of multicomponent ion exchange. In: 16th European Symposium on Improved Oil Recovery, Cambridge, England.

Lake, L. W., 1989. Enhanced Oil Recovery. Prentice Hall, Englewood Cliffs, NJ.

Ligthelm, D. J., Gronsveld, J., Hofman, J., Brussee, N., Marcelis, F., van der Linde, H., 2009. Novel waterflooding strategy by manipulation of injection brine composition. In: Paper SPE 119835, SPE EUROPEC/EAGE Conference and Exhibition, Amsterdam, The Netherlands.

Liu, Q., Maroto-Valer, M. M., 2010. Investigation of the pH effect of a typical host rock and buffer solution on CO_2 sequestration in synthetic brines. Fuel Process. Technol. 91 (10), 1321-1329.

Lohrenz, J., Bray, B. G., Clark, C. R., 1964. Calculating viscosities of reservoir fluids form their compositions. J. Petrol. Technol. 16 (10), 1171-1176.

Luo, H., Al-Shalabi, E. W., Delshad, M., Sepehrnoori, K., 2016. A robust geochemical simulator to model improved oil recovery methods. SPE J. 21 (1), 55-73.

Madland, M. V., 2009. Rock-fluid interactions in chalk exposed to seawater, MgCl2, and NaCl brines with equal ionic strength. In: 15th European Symposium on Improved Oil Recovery, Paris, France.

Malmberg, C. G., Maryott, A. A., 1956. Dielectric constant of water from 0o C to 1000 o C. J. Res. Nat. Bureau Standards. 56, 1-8.

Mangold, D. C., Tsang, C. F., 1991. A summary of subsurface hydrological and hydrochemical models. Rev. Geophys. 29 (1), 51-79.

Manov, G. G., Bates, R. G., Hamer, W. J., Acree, S. F., 1943. Values of the constants in the Debye-Hückel equation for activity coefficients. J. Am. Chem. Soc. 65 (9), 1765-1767.

Martin, F. D., Oxley, J. C., Lim, H., 1985. Enhanced recovery of a "J" sand crude oil with a combination of surfactant and alkaline chemicals. In: Paper SPE 14295, SPE Annual Technical Conference and Exhibition, Las Vegas, NV.

Nelson, R. C., Pope, G. A., 1978. Phase relationships in chemical flooding. SPE J. 18 (5), 325-338.

Nelson, R. C., Lawson, J. B., Thigpen, D. R., Stegemeier, G. L., 1984. Cosurfactantenhanced alkaline flooding. In: Paper SPE 12672, SPE Enhanced Oil Recovery Symposium, Tulsa, OK.

Nghiem, L., Sammon, P., Grabenstetter, J., Ohkuma, H., 2004. Modeling CO_2 storage in aquifers with a fully-coupled geochemical EOS compositional simulator. In: Paper SPE 89474, SPE Improved Oil Recovery, Tulsa, OK.

Omekeh, A., Friis, H. A., Fjelde, I., Evje, S., 2012. Modeling of ion-exchange and solubility in low salinity water flooding. In: Paper SPE 154144, SPE Improved Oil Recovery Symposium, Tulsa, OK.

Parkhurst, D. L., Appelo, C. A. J., 2013. Description of input and examples for PHREEQC version 3—a computer program for speciation, batch-reaction, one-dimensional transport, and inverse geochemical calculations. Modeling Techniques (Chapter 43 of Section A Groundwater, Book 6).

Peng, D. Y., Robinson, D. B., 1976. A new two-constant equation of state. Ind. Eng. Chem. Fundam. 15 (1), 59-64.

Pitzer, K. S., 1991. Ion interaction approach: theory and data correlation. Activity Coefficients in Electrolyte Solutions. CRC Press, Boca Raton, FL.

Qiao, C., Li, L., Johns, R. T., Xu, J., 2014. Compositional modeling of reaction-induced injectivity alteration during CO_2 flooding in carbonate reservoirs. In: Paper SPE 170930, SPE Annual Technical Conference and Exhibition, Amsterdam, The Netherlands.

Qiao C., Johns, R., Li, L., Xu, J., 2015. Modeling low salinity waterflooding in mineralogically different carbonates. In: Paper SPE 175018, SPE Annual Technical Conference and Exhibition, Houston, TX.

Reid, R. C., Prausnitz, J. M., Sherwood, T. K., 1987. The Properties of Gases and Liquids. fourth ed. McGraw-Hill, New York.

RezaeiDoust, A., Puntervold, T., Austad, T., 2011. Chemical verification of the EOR mechanism by using low saline/smart water in sandstone. Energy Fuels. 25 (5), 2151-2162.

Rivet, S., 2009. Coreflooding oil displacements with low salinity brine. Master of Science Thesis, University of Texas at Austin, Austin, TX.

Sandler, S. I., 2006. Chemical, Biochemical, and Engineering Thermodynamics. fourth ed John Wiley & Sons, New York.

Schecher, W. D., McAvoy, D. C., 1992. MINEQL1: a software environment for chemical equilibrium modeling. Comput., Environ. Urban Syst. 16 (1), 65-76.

Shakiba, M., 2014. Modeling and simulation of fluid flow in naturally and hydraulically fractured reservoirs using embedded discrete fracture model (EDFM). MS Thesis, The University of Texas at Austin, Austin, TX.

Sheng, J. J., 2013. A comprehensive review of alkaline-surfactant-polymer (ASP) flooding. In: Paper SPE 165358, SPE Western Regional & AAPG Pacific Section Meeting 2013 Joint Technical Conference, Monterey, CA.

Steefel, C. I., Lasaga, A. C., 1992. Putting transport into water-rock interaction models. J. Geol. 20 (8), 680-684.

Strand, S., Austad, T., Puntervold, T., 2008. Smart water for oil recovery from fractured limestone: a preliminary study. Energy Fuels. 22 (5), 3126-3133.

Truesdell, A. H., and Jones, B., 1974. WATEQ, a computer program for calculating chemical equilibria of natural waters. U. S. Geological Survey, version 2, pp. 233-274.

Turek, E. A., Metcalfs, R. S., Yarborough, L., Robinson, R. L., 1984. Phase equilibria in CO_2-multicomponent hydrocarbon systems: experimental data and an improved prediction technique. SPE J. 24 (3), 308–324.

UTCHEM—9.0 Technical Documentation, 2000. The University of Texas at Austin, Volume II, Austin, TX.

UTCOMP—3.8 Technical Documentation, 2003. The University of Texas at Austin, Austin, TX.

Van't Hoff, J. H., 1884. Etudes de Dynamique Chrimique. Muller, Amsterdam, pp. 114–118.

Xu, T., Zheng, L., Tian, H., 2011. Reactive transport modeling for CO_2 geological sequestration. J. Petrol. Sci. Eng. 78 (3), 765–777.

Yousef, A. A., Al-Saleh, S., Al-Kaabi, A., Al-Jawfi, M., 2011. Laboratory investigation of the impact of injection-water salinity and ionic content on oil recovery from carbonate reservoirs. SPE Reserv. Eval. Eng. 14 (5), 578–593.

Yousef, A. A., Al Saleh, S., Al Jawfi, M., 2012. Improved/enhanced oil recovery from carbonate reservoirs by tuning injection water salinity and ionic content. In: Paper SPE 154076, SPE Improved Oil Recovery Symposium, Tulsa, OK.

Zhang, P., Tweheyo, M. T., Austad, T., 2006. Wettability alteration and improved oil recovery in chalk: the effect of calcium in the presence of sulfate. Energy Fuels. 20 (5), 2056–2062.

Zhang, W., Li, Y., Omambia, A. N., 2011. Reactive transport modeling of effects of convective mixing on long-term CO_2 geological storage in deep saline formations. Int. J. Greenhouse Gas Control. 5 (2), 241–256.

Zhang, G., Villegas, E. I., 2012. Geochemical reactive transport modeling in oil & gas industry—business drivers, challenges and solutions. In: TOUGH Symposium, Berkeley, CA.

Zhu, C., Anderson, G., 2002. Environmental Applications of Geochemical Modeling. Cambridge University Press, Cambridge, UK.

7 LSWI/EWI 和其他 EOR 工艺的协同作用

低矿化度/工程注水是一项兼有其他用途的新兴技术，如一致性控制、LSWI/EWI 与聚合物驱的协同作用、LSWI/EWI 与表面活性剂驱的协同作用以及 LSWI/EWI 与二氧化碳驱的协同作用。Ayirala 和 Yousef（2015）总结了不同 EOR/IOR 工艺中注入水化学方面的重要意义（图 7.1）。本章讨论了 LSWI/EWI 在砂岩和碳酸盐岩中的各种应用。

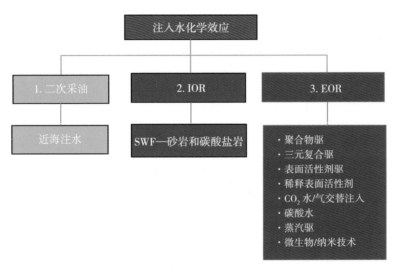

图 7.1　不同 EOR／IOR 工艺中注入水化学的概述（据 Ayirala 和 Yousef，2015）

7.1　一致性控制应用

降低注入水的盐度梯度并保持注入水中含有足够数量的 Ca^{2+}，便可将低矿化度/工程注水技术应用于一致性控制过程。注入的 Ca^{2+} 使黏土矿物发生运移，堵塞多孔介质，并降低高渗区（或漏失层）的绝对渗透率。因此，注入流体转而进入到低渗区，从而提高了低渗区的原油采收率。然而，目前尚缺乏用以验证 LSWI/EWI 的水堵作用的实验依据（Dang 等，2014）。

7.2　重油应用

Alzayer 和 Sohrabi（2013）利用扇形模型进行了几项数值模拟，以研究低矿化度效应和因聚合物存在而增强的低矿化度效应对重油采收率的影响。其结果表明，单用低矿化度水驱可提高原油采收率约 5%；而单用聚合物驱油时的采收率增幅与之大致相同，并且聚合物驱的效率更高。将低矿化度注水和聚合物驱结合，可提高原油采收率 7.5%~10%。他们强调，还需要实验研究来验证之前的低矿化度注水在重油上应用的结论。

Jose 等（2015）介绍了评估低矿化度注水对碳酸盐岩重油开采影响的实验和数值研究。在二次采油和三次采油阶段均进行了低矿化度注水。其研究结果凸显了 LSWI 对于碳酸盐岩重油开采的潜力，对于二次采油，原油采收率高达 70%。此外，Jose 等还对影响碳酸盐岩重油油藏中低矿化度注水开发动态的不同参数进行了敏感性分析。他们发现，在进行 LSWI 之前的海水注入周期以及注水量均很重要。

7.3 LSWI/EWI 和聚合物驱应用

Ayirala 等（2010）阐述了使用低矿化度水作为聚合物驱补充水的优点。其中一个优点是：与海水相比，其资金成本和操作费用较低；而这与聚合物设施有关，因为使用低矿化度的水不需要添加更多的化学剂也能满足一定的黏度要求。此外，采用低矿化度水驱可提高微观驱油效率，而采用聚合物驱可提高宏观波及效率，将二者结合可实现较高的原油采收率。Kozaki（2012）使用高矿化度和低矿化度聚合物溶液在 Berea 砂岩岩心上进行了几次三次采油阶段下的岩心驱替实验。他指出，与高矿化度聚合物溶液相比，低矿化度聚合物溶液将残余油饱和度降低了 5%~10%。另外，他还强调了低矿化度聚合物溶液在快速采油方面的作用，低矿化度聚合物溶液可通过提高波及效率进而实现更快采油。低矿化度水驱和聚合物驱的结合颇具有吸引力，因为聚合物的需求量仅为原来的三分之一或更少，这使得采出每桶原油的化学成本降低了 5 倍（Mohammadi 和 Jerauld，2012）。

Vermolen 等（2014）报道：低矿化度聚合物驱可以提高项目经济效益，因为在达到一定黏度时聚合物的浓度降低了 2~4 倍。此外，他们还强调了注入低矿化度聚合物溶液的其他优点，如：对机械剪切的敏感性降低、可应用于高温/高盐地层并且稳定性较高、生产中潜在的化学问题（结垢、酸化和油水分离）较少、由于聚合物溶液的黏弹性增强可能导致残余油饱和度降低。此外，他们也关注了相关风险，包括阳离子交换、黏土膨胀、低矿化度和高矿化度盐水的混合以及聚合物的吸附。低矿化度水对聚合物附加的缓凝因子会导致原油开采的延缓，可能降低项目的经济效益。此外，Han 和 Lee（2014）通过研究低矿化度水的段塞大小、矿化度以及聚合物黏度的影响，对低矿化度聚合物驱油进行了敏感性分析。其结果表明，LSWI 的段塞大小和聚合物黏度对低矿化度聚合物驱有显著影响；而他们注意到，水的矿化度对这一过程的影响可以忽略。

7.4 LSWI/EWI 和表面活性剂驱应用

Spildo 等（2012）从提高原油采收率和成本效率的角度，研究了低矿化度注水协同效应以及表面活性剂减弱毛细作用的效应。若毛管压力高，低矿化度注水动用的原油可能会再次被捕获。因此，建议使用表面活性剂来降低毛管力，避免发生可动油的再捕获。在后一项研究中，他们利用 Berea 砂岩岩心塞进行了岩心驱油实验。其结果表明，在低矿化度条件下，注入具有 Winsor I 型相态特性下相微乳的表面活性剂时，采收率较高并且表面活性剂的滞留较少。另外，与水湿条件相比，中性润湿条件似乎更为有利。此外，注入加有表面活性剂的低矿化度水可获得更高的原油采收率，比仅使用表面活性剂驱油的预期效果更好。

Alagic 和 Skauge（2010）研究了低矿化度注水和表面活性剂驱油对 Berea 砂岩原油采收

率的复合影响。他们进行了几次岩心驱替实验，并强调了采用联合注入法获得的有利响应。在后来的研究中，Alagic 等（2011）证实了他们之前的研究结论并探究了老化对采收率的影响，他们采用的是更长的岩心以尽量减弱毛管末端效应。他们指出：与未老化的岩心相比，（将低矿化度水和表面活性剂）联合注入老化岩心时的采收率更高。他们认为，低矿化度水和表面活性剂的协同驱替可阻碍 LSWI 动用油的再捕获效应。Tavassoli 等（2015）利用 UTCHEM-IPHREEEQC 模拟器对 LSWI 和表面活性剂驱的复合作用（协同效应）进行了研究（UTCHEM 技术文件，2000）。他们对 Alagic 和 Skauge（2010）的实验结果进行了历史拟合，包括对原油采收率、采出水离子组成以及压力梯度数据的拟合。此外，他们还进行了几次模拟，从中得到的结论是：高矿化度表面活性剂驱比低矿化度表面活性剂驱的采油效果更好。他们强调了表面活性剂选择和设计的重要性，却没有突出低矿化度对于表面活性剂驱的益处。

Khanamiri 等（2015）研究了低矿化度表面活性剂与 LSWI 结合以及近最优矿化度表面活性剂与 LSWI 结合时的驱替动态。他们利用 Berea 砂岩岩心进行了数次岩心驱替实验。其结论为：当分别在二次采油和三次采油阶段注入高矿化度和低矿化度的水时，在二次采油应用 LSWI 之后的三次采油阶段中注入低矿化度表面活性剂比三次采油之后的低矿化度表面活性剂驱具有更好的效果。此外，他们还发现：相较于二次采油阶段注入低矿化度水而言，在二次采油注入高矿化度水之后，近最优矿化度表面活性剂的驱替效果更好；然而，若随后进行的是高矿化度注水，那么在二次采油阶段注入低矿化度水的方式更好。

7.5 LSWI/EWI 和二氧化碳驱应用

SWAG 和 WAG（水气交替）是气体流度控制的两种注入方式。注入方式无论是 WAG 还是 SWAG，将二氧化碳和水混合的目的都是接触驱替绕过 CO_2 段塞的剩余油。因此，注入水的性质对于原油采收率的提高起着至关重要的作用（Aleidan 和 Mamora，2010）。可能影响 CO2-WAG 的因素有储层非均质性、流体性质、混相条件、岩石润湿性以及（诸如水—气段塞大小、注入时机和水/气交替注入比等）WAG 参数（Jiang 等，2010）。本节讨论了针对低矿化度水与 CO_2 驱的协同效应的主要实验研究和数值研究工作。

Kulkarni 和 Rao（2005）利用组成不同的盐水在 Berea 砂岩岩心上进行了混相和非混相水气交替注入实验。他们指出，由于二氧化碳在盐水中的溶解度增加，随着注入水矿化度的降低，原油采收率下降。Jiang 等（2010）利用 Berea 砂岩岩心研究了注入盐水的矿化度对三次采油中 CO_2-WAG 开发动态的影响，他们将盐水矿化度系统地改变至 32000mg/L。岩心驱替实验在 60℃和高于最小混相压力（MMP）20% 的压力下进行，以确保二氧化碳混相驱油。其结果表明，水气交替注入的采收率随注入盐水矿化度的增加而增加，这是因 CO_2 在水中的溶解度随矿化度的增加而降低的盐析效应所致。CO_2 的盐析效应使得更多的二氧化碳可用于驱油，从而提高原油采收率。

除了 CO_2 的溶解度之外，润湿性的变化是低矿化度水和 CO_2 联合注入提高原油采收率的另一个重要因素。Fjelde 和 Asen（2010）研究了不同温度（50℃和130℃）下北海储层白垩岩在水驱和二氧化碳驱过程中润湿性的变化。该实验最初注入地层水，这是第一阶段；然后注入海水，这是第二阶段；最后交替注入海水和二氧化碳（CO_2-WAG），这是第三阶段。其结果表明，水气交替段塞注入后，岩石润湿性向更亲水的方向变化，残余油饱和度在 3%~5%。

于另一方面，Aleidan 和 Mamora（2010）研究了（CO_2 和低矿化度水联合）注入对碳酸盐岩的复合影响。通过进行连续注气（CGI）、水气交替注入（WAG）以及同时水气交替注入（SWAG）等岩心驱替实验，他们研究了不同的 CO_2 注入方式对原油采收率的影响。该实验在温度为 120℉（48.89℃）、压力为 1900psi（13.10MPa）的条件下进行，此压力条件比使用露头石灰石岩心时的最小混相压力（MMP）高 100psi。注入水的矿化度在 0%（质量分数）、6%（质量分数）和 20%（质量分数）之间变化。结果表明，水驱采收率不受矿化度的影响，这说明润湿性改变并不影响原油采收率，而唯一的控制因素是 CO_2 在水中的溶解度。由于驱替前缘的流度控制，SWAG 和 WAG 的原油采收率比 CGI 更高。同时水气交替注入的原油采收率最高，并且其需要的 CO_2 量也最少。对于 SWAG 和 WAG 而言，降低矿化度均会增加 CO_2 在水中的溶解度，并提高原油采收率。

此外，Teklu 等（2014）利用碳酸盐岩和砂岩岩心进行了多次岩心驱替实验，以研究注入低矿化度水和二氧化碳对原油采收率的复合影响。依次注入海水、低矿化度水以及连续二氧化碳气体后，残余油饱和度进一步降低。他们测量了不同岩样和流体的接触角及界面张力，以阐释其潜在机理。其结果显示，在 CO_2 和低矿化度水的共同作用下，接触角和界面张力进一步减小了。他们认为，低矿化度注水和 CO_2 驱相结合进一步加剧了岩石润湿性的改变。降低注入水的矿化度会增加二氧化碳的溶解度，从而降低盐水—二氧化碳之间的界面张力。后者甚至会进一步降低饱和二氧化碳的盐水和原油之间的界面张力，并使岩石润湿性朝更水湿的状态转变亲水性增强。

Dang 等（2014）于模拟的角度详细评估了从一维非均质模型到全油田模拟的二氧化碳—低矿化度水气交替注入工艺（CO_2-LSWAG）。他们通过模拟强调了气体和低矿化度水联合注入的复合优势，包括注入 CO_2 发生的地球化学反应、离子交换过程以及润湿性的改变。采用标度离子交换当量分数在代表水湿体系和油湿体系的两组相对渗透率之间进行插值，该离子交换当量分数基于钙在黏土上的吸附作用。他们得到的结论是：CO_2-LSWAG 可以克服传统水气交替注入（WAG）工艺中经常遇到的后期生产问题。CO_2-LSWAG 将原油采收率提高了 4.5%~9%。他们指出，二氧化碳—低矿化度水气交替注入工艺（CO_2-LSWAG）的成功与否取决于黏土的类型和数量、储层岩石的初始润湿状态、储层非均质性、储层矿物（如方解石、白云石等）、地层水和注入盐水的成分、实现 CO_2 混相的储层压力和温度条件，以及 WAG 相关参数。

Al-Shalabi 等（2014a）利用地球化学建模研究了低矿化度注水和 CO_2 驱相结合，对碳酸盐岩油藏产生的复合影响。在天然水系统中，导致岩石风化的最丰富的酸是碳酸。二氧化碳在水中溶解形成碳酸，这时气相的 $CO_{2(g)}$ 变为水相的 $CO_{2(aq)}$ 并与水分子结合，此过程表示如下（Langmuir，1997）：

$$CO_{2(g)} \longrightarrow CO_{2(aq)} \tag{7.1}$$

$$CO_{2(aq)} + H_2O \longleftrightarrow H_2CO_3 \tag{7.2}$$

按照惯例，$CO_{2(g)}$ 和 H_2O 结合形成 $H_2CO_3^*$，表示如下：

$$CO_{2(g)} + H_2O \longleftrightarrow H_2CO_3^* \tag{7.3}$$

随后，形成的碳酸会直接影响方解石和白云石，而间接影响硬石膏，这取决于地层的 pH 值。碳酸分解的第一阶段如下（Appelo 和 Postma，2010）：

$$H_2CO_3^* \longleftrightarrow H^+ + HCO_3^- \tag{7.4}$$

碳酸分解的第二阶段有：

$$HCO_3^- \longleftrightarrow H^+ + CO_3^{2-} \tag{7.5}$$

对于方解石，其溶解方程为：

$$CaCO_3 \longleftrightarrow Ca^{2+} + CO_3^{2-} \tag{7.6}$$

联立式（7.3）至式（7.6），则注入二氧化碳对方解石产生的影响可总结为：

$$CO_{2(g)} + H_2O + CaCO_3 \longleftrightarrow Ca^{2+} + 2HCO_3^- \tag{7.7}$$

因此，随着二氧化碳的注入会使更多的方解石发生溶解。类似地，白云石的溶解反应可写为：

$$2CO_{2(g)} + 2H_2O + CaMg(CO_3)_2 \longleftrightarrow Ca^{2+} + Mg^{2+} + 4HCO_3^- \tag{7.8}$$

二氧化碳对于硬石膏的影响是通过钙离子的变化来间接考虑的，而钙离子的变化会影响硬石膏的溶解，将其表示如下：

$$CaSO_4 \longleftrightarrow Ca^{2+} + SO_4^{2-} \tag{7.9}$$

然而，若考虑存在 CO_2 时不同温度、压力、pH 值条件下低矿化度注水对溶解反应的影响，方解石、白云石及硬石膏溶解或沉淀的趋势则会发生变化。

Al-Shalabi 等（2014a）利用 PHREEQC 模拟器（Parkhurst 和 Appelo，2013）对 Yousef 等（2011）的岩心驱替实验进行了地球化学建模。他们对比了三种注入方式，分别是注入低矿化度水、注入 CO_2 以及二者的结合。地球化学分析表明，仅使用低矿化度注水时 pH 值引起的润湿性变化比低矿化度水和 CO_2 联合注入时复合作用（导致的 pH 值引起的润湿性变化）更为明显（图 7.2）。这是因为仅使用低矿化度注水时 pH 值呈上升趋势，而仅注入 CO_2 以及低矿化度水和 CO_2 联合注入时 pH 值呈下降趋势。后者 pH 值的降低可由碳酸的形成来完美解释。

此外，低矿化度注水和 CO_2 驱的复合影响（协同效应）对于白云石成分含量高的碳酸盐岩最为显著（图 7.3），而对于硬石膏成分含量高的碳酸盐岩，低矿化度注水对其影响最大（图 7.4）。

对于前人的研究结果，不能一概而论，因为低矿化度注水和 CO_2 驱对于原油采收率的复合影响要视具体情况而定，这取决于温度、压力、岩性、原油类型、岩石的初始润湿状态以及注入水的组成等因素。

后来，Al-Shalabi 等（2016）利用 UTCOMP 模拟器研究了低矿化度注水和注二氧化碳（CO_2）对碳酸盐岩心原油采收率的复合影响（UTCOMP 技术文件，2003）。他们使用一维模拟和岩心驱替实验来验证模拟结果。其模拟工作包括混相的和非混相的连续注气（CGI）、同时水气交替注入、水气交替注入以及锥形 WAG。他们模拟了不同稀释程度的海水注入情况。CO_2 的注入压力在最小混相压力之上。他们对 Baker 的三相相对渗透率模型进行了修正，以解释矿化度对油水两相相对渗透率的影响，表示如下：

$$K_{row} = K_{row}^* \left(\frac{S_o - S_{orw}}{1 - S_{wirr} - S_{orw}} \right)^{e_{ow}} \tag{7.10}$$

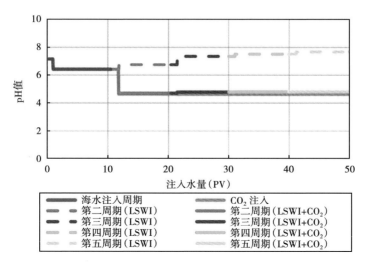

图 7.2　使用 PHREEQC 模拟流体组分得到的 pH 值（LSWI、CO_2、LSWI+CO_2）
（据 Al-Shalabi 等，2014a）

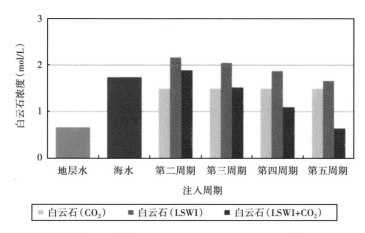

图 7.3　不同注入周期的白云石浓度（LSWI、CO_2、LSWI+CO_2）（据 Al-Shalabi 等，2014a）

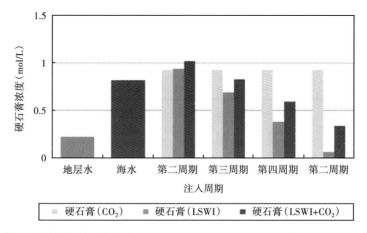

图 7.4　不同注入周期的硬石膏浓度（LSWI、CO_2、LSWI+CO_2）（据 Al-Shalabi 等，2014a）

式中 e_{ow}——油水指数。

现在,考虑低矿化度注水对油水端点相对渗透率、油水指数以及与水相共存时的残余油饱和度(S_{orw})的影响,利用 LSWI 经验模型(Al-Shalabi 等,2014b)计算这些参数,表示如下:

(1)LSWI 对油水端点相对渗透率的影响:

$$K_{row}^* = \frac{K_{row}^{*LS} - K_{row}^{*HS}}{1 + (\frac{\theta}{a})^e} + K_{row}^{*HS} \tag{7.11}$$

(2)LSWI 对油水指数的影响:

$$e_{ow} = \frac{e_{owmax} - e_{ow}^{HS}}{1 + (\frac{\theta}{a})^{-e}} + e_{ow}^{LS} \tag{7.12}$$

(3)LSWI 对残余油饱和度的影响:

$$S_{orw(LSWI)} = \omega S_{orw}^{LS} + (1 - \omega) S_{orw}^{HS} \tag{7.13}$$

$$\omega = \frac{\theta - \theta^{HS}}{\theta^{LS} - \theta^{HS}} \tag{7.14}$$

然后,按如下方式选择一个最小值作为残余油饱和度:

$$S_{orw} = \min[S_o, S_{orw}, S_{orw(LSWI)}] \tag{7.15}$$

结果表明,无论是采用海水还是其稀释液,SWAG 的采油效果(采收率)都优于其他三种注入方式。此外,该研究还强调了低矿化度注水与 CO_2 混相驱联合使用的优势;混相 CO_2 可降低残余油饱和度,而 LSWI 可通过改变岩石润湿性(使岩石亲水性增强)增加油相相对渗透率,进而提高产量(图 7.5)。

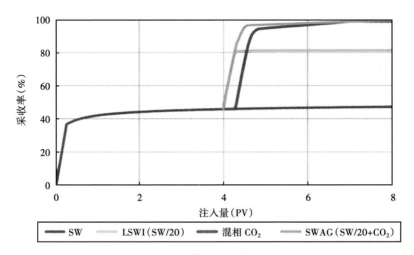

图 7.5　SW、LSWI(SW/20)、混相 CO_2 和 SWAG(LSWI-SW/20+CO_2)
之间的比较(据 Al-Shalabi 等,2016)

Chandrasekhar 和 Mohanty（2014）的岩心驱替实验验证了后一个结论，他们利用海水及其稀释液进行了三次采油阶段的 SWAG 实验（图 7.6）。

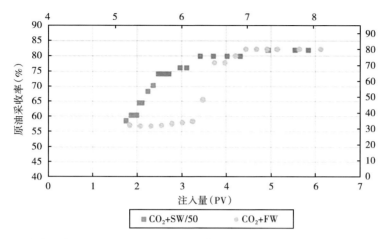

图 7.6 三次采油阶段 SWAG 实验的累计采收率（据 Chandrasekhar 和 Mohanty，2014 年）

依据分流量分析，该研究还凸显了利用低矿化度水进行同时水气交替注入的优势。采用 Walsh 和 Lake（1988）提出的方法对 SWAG（SW、LSWI）和混相 CGI 过程进行了分流量分析，并考虑了低矿化度水对水—溶剂曲线的影响。分流量分析的主要假设包括忽略以下内容：

（1）重力的影响；
（2）毛管效应；
（3）溶剂—水溶性；
（4）捕集油饱和度；
（5）溶剂划分的捕集油饱和度。
水—油和水—溶剂的分流量曲线如下。
（1）水—油分流量曲线：

$$f_{w/o} = \frac{1}{1 + \frac{K_{ro}}{K_{rw}} \frac{\mu_w}{\mu_o}} \tag{7.16}$$

（2）水—溶剂分流量曲线：

$$f_{w/s} = \frac{1}{1 + \frac{K_{ro}}{K_{rw}} \frac{\mu_w}{\mu_s}} \tag{7.17}$$

对于 SWAG（SW+CO_2）和 CGI 这两种注入方式，根据水—油分流量曲线，简单地将油的黏度替换为 CO_2 气体的黏度便可得到水/溶剂分流量曲线。对于 SWAG（LSWI+CO_2），则应进一步地考虑低矿化度注水对式（7.17）中油相相对渗透率和水相黏度的影响。用于绘制 SWAG（SW、LSWI）分流量曲线和混相 CGI 分流量曲线的相对渗透率参数见表 7.1。

表 7.1 用于绘制 SWAG（SW、LSWI）和混相 CGI 过程的分流量曲线的相对渗透率参数

三种注入方式	混相 CGI/SWAG（SW+CO₂）		SWAG（LSWI+CO₂）	
参数	水—油	水—溶剂	水—油	水—溶剂
K_{rw}^*	0.025	0.025	0.025	0.025
K_{ro}^*	0.203	0.203	0.203	0.96
n_w	1.3	1.3	1.3	1.3
n_o	3.5	3.5	3.5	1.53
S_{wirr}	0.3181	0.3181	0.3181	0.3181
S_{orw}	0.329	0.329	0.329	0.329

来源：Al-Shalabi, E. W., Sepehrnoori, K., Pope, G., 2016. Numerical modeling of combined low salinity water and carbon dioxide in carbonate cores. J. Petrol. Sci. Eng. 137, 157–171.

SWAG（SW、LSWI）和混相 CGI 的分流量曲线及总流度曲线如图 7.7 至图 7.12 所示。可利用总流度曲线计算有效驱替流度比，公式如下：

$$M = \frac{(K_{ro}/\mu_s + K_{rw}/\mu_w)_{solvent}}{(K_{ro}/\mu_o + K_{rw}/\mu_w)_{oil\,bank}} \tag{7.18}$$

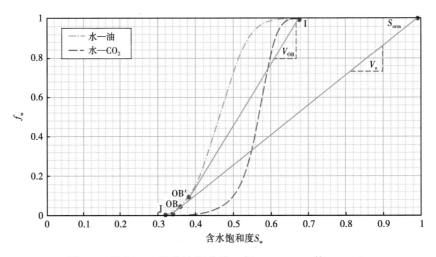

图 7.7 混相 CGI 的分流量曲线（据 Al-Shalabi 等，2016）

利用有效驱替流度比可粗略地估计油田现场尺度下各注入方式工艺的稳定性。此外，为了比较 SWAG（SW、LSWI）和混相 CGI 工艺，还计算了最佳溶剂用量。最佳溶剂用量由下式给出：

$$m_s = (1 - f_{wJ})t_{Ds} \tag{7.19}$$

$$f_{wJ} = \frac{W_R}{1 + W_R} \tag{7.20}$$

$$t_{Ds} \approx \frac{1}{v_{Cs}} \tag{7.21}$$

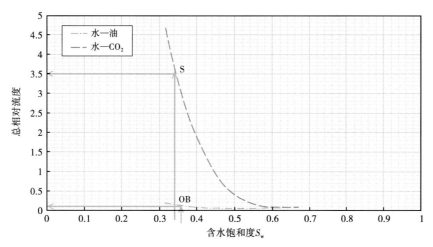

图 7.8 混相 CGI 的总流度曲线（据 Al-Shalabi 等，2016）

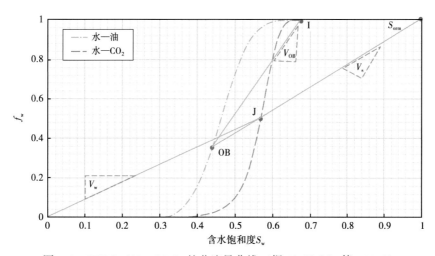

图 7.9 SWAG（SW+CO_2）的分流量曲线（据 Al-Shalabi 等，2016）

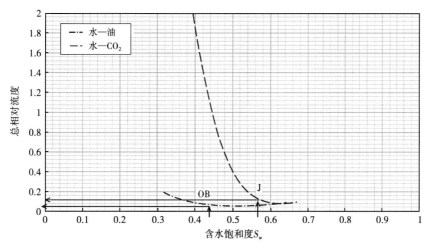

图 7.10 SWAG（SW+CO_2）的总流度曲线（据 Al-Shalabi 等，2016）

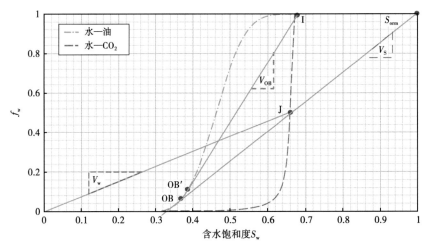

图 7.11 SWAG (LSWI+CO_2) 的分流量曲线（据 Al-Shalabi 等，2016）

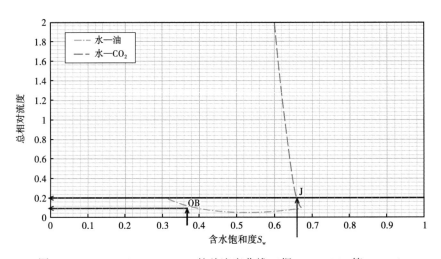

图 7.12 SWAG (LSWI+CO_2) 的总流度曲线（据 Al-Shalabi 等，2016）

式中 W_R——同时存在的水—溶剂比；

v_{Cs}——溶剂的浓度速度。

表 7.2 列出了三次采油阶段三种注入方式的有效驱替流度比和最佳溶剂用量的计算结果。计算的溶剂混相驱替前缘之前和之后的有效驱替流度比，分别由 J 点和 OB 点给出（图 7.9 和图 7.11），但对于混相连续注气（CGI）的情况，则由 S 点和 OB 点给出（图 7.7）。其原因是为了避免两次与油水曲线相交，即过 S 点作油水曲线的切线。因此，在这种情况下，有一个扩展波从 J 点传播到 S 点。对于三次采油中气—油同时混相过程，绘制其分流量曲线的详细描述见他处（Walsh 和 Lake，1988）。

从分流量的角度来看，表 7.2 表明：结合低矿化度水和二氧化碳的同时水气交替注入（SWAG：LSWI+CO_2）的方式要优于 SWAG（SW+CO_2）和混相连续注气（CGI），因为 SWAG（LSWI+CO_2）的有效流度比最低（为 2），其最佳溶剂用量也最低（为 0.334PV）。分析还表明，混相连续注气的方式很不稳定，由于其流度比偏高（为 35），很可能发生黏性指进扰动。这一点在意料之内，因为没有注入水来进一步控制溶剂段塞的流度。

表 7.2 SWAG（SW、LSWI）和混相 CGI 过程的 M 和 m_s 计算

三种注入方式	混相 CGI	SWAG（SW+CO_2）	SWAG（LSWI+CO_2）
$\lambda_{Tsolvent}$	3.5	0.12	0.2
$\lambda_{Toilbank}$	0.1	0.04	0.1
M	35	3	2
W_R	0	1	1
f_{wJ}	0	0.5	0.5
v_{cs}	1.53	1.15	1.50
m_s（PV）	0.653	0.436	0.334

来源：From Al-Shalabi, E. W., Sepehrnoori, K., Pope, G., 2016. Numerical modeling of combined low salinity water and carbon dioxide in carbonate cores. J. Petrol. Sci. Eng. 137, 157-171.

此外，根据 Walsh 和 Lake（1988）的认识，当混相波线与水—溶剂分流量曲线相交且与水—油分流量曲线相切时，会出现最佳的 W_R。据此，SWAG（SW+CO_2）的水—溶剂之比（W_R）高于最佳的 W_R（=1），集油带中油的分流量小，实现完全采出的时间较长。然而，同样当最佳 W_R 为 1 时，SWAG（LSWI+CO_2）工艺的水—溶剂比可以达到最佳，此时混相波线与水—油分流量曲线相切。这主要是由于低矿化度注水（LSWI）对水—溶剂曲线产生了影响，从而在相似的注入水—溶剂比下达到了最佳条件。因此，使用低矿化度的水可以减少达到最佳条件所需的溶剂量，这导致油的分流量变大、采油更快，甚至使该工艺的经济效益更高。

在从实验和模拟两个方面讨论了低矿化度/工程注水的不同应用之后，第 8 章将对低矿化度/工程注水对于砂岩和碳酸盐岩产生影响的主控因素进行比较。

参 考 文 献

Alagic, E., Skauge, A., 2010. Combined low salinity brine injection and surfactant flooding in mixed-wet sandstone cores. Energ. Fuel. 24, 3551-3559.

Alagic, E., Spildo, K., Skauge, A., Solbakken, J., 2011. Effect of crude oil ageing on low salinity and low salinity surfactant flooding. J. Petrol. Sci. Eng. 78 (2), 220-227.

Aleidan, A., Mamora, D. D., 2010. SWACO_2 and WACO_2 efficiency improvement in carbonate cores by lowering water salinity. Canadian Unconventional Resources and International Petroleum Conference, Calgary, Alberta, Canada, Paper SPE 137548.

Al-Shalabi, E. W., Sepehrnoori, K., Pope, G., 2014a. Geochemical investigation of the combined effect of injecting low salinity water and carbon dioxide on carbonate reservoirs. International Conference on Greenhouse Gas Technologies (GHGT), Austin, Texas, USA, Paper GHGT 1202 (63), 7663-7676.

Al-Shalabi, E. W., Sepehrnoori, K., Delshad, M., Pope, G., 2014b. A novel method to model low-salinity-water injection in carbonate oil reservoirs. SPE J. 20 (5), 1154-1166.

Al-Shalabi, E. W., Sepehrnoori, K., Pope, G., 2016. Numerical modeling of combined low salinity water and carbon dioxide in carbonate cores. J. Petrol. Sci. Eng. 137, 157-171.

Alzayer, H., Sohrabi, M., 2013. Numerical simulation of improved heavy oil recovery by low-salinity water injection and polymer flooding. SPE Annual Technical Symposium and Exhibition, Khobar, Saudi Arabia, Paper SPE 165287.

Appelo, C. A. J., Postma, D., 2010. Geochemistry, Groundwater and Pollution. Second ed. Taylor & Francis Group Plc, Boca Raton, FL.

Ayirala, S., Ernesto, U., Matzakos, A., Chin, R., Doe, P., Hoek, P. V. D., 2010. A designer water process for offshore low salinity and polymer flooding applications. SPE Improved Oil Recovery Symposium, Tulsa, Oklahoma, USA, Paper SPE 129926.

Ayirala, S., Yousef, A., 2015. A state-of-the-art review to develop injection-waterchemistry requirement guidelines for IOR/EOR projects. SPE Prod. Oper. 30 (1), 26-42.

Baker, L., 1988. Three-phase relative permeability correlations. SPE Enhanced Oil Recovery, Tulsa, Oklahoma, USA, Paper SPE 17369.

Chandrasekhar, S., Mohanty, K. K., 2014. Private Communication.

Dang, C. T. Q., Nghiem, L. X., Chen, Z., Nguyen, N. T. B., Nguyen, Q. P., 2014. CO_2 low salinity water alternating gas: A New Promising Approach for Enhanced Oil Recovery. SPE Improved Oil Recovery Symposium, Tulsa, OK, USA, Paper SPE 169071.

Fjelde, I., Asen, S. M., 2010. Wettability alteration during water flooding and carbon dioxide flooding of reservoir chalk rocks. SPE EUROPEC/EAGE Annual Conference and Exhibition, Barcelona, Spain, Paper SPE 130992.

Han, B., Lee, J., 2014. Sensitivity analysis on the design parameters of enhanced oil recovery by polymer flooding with low salinity waterflooding. International Society of Offshore and Polar Engineers, The Twenty-fourth International Ocean and Polar Engineering Conference, Busan, Korea, Paper SPE 130992.

Jiang, H., Nuryaningsih, L., Adidharma, H., 2010. The effect of salinity of injection brine on water alternating gas performance in tertiary miscible carbonate dioxide flooding: Experimental Study. SPE Western Regional Meeting, California, USA, Paper SPE 132369.

Jose, S. R., Gachuz-Muro, H., Sohrabi, M., 2015. Application of low salinity water injection in heavy oil carbonate. SPE EUROPEC, Madrid, Spain, Paper SPE 174391.

Khanamiri, H. H., Torsaeter, O., Stensen, J. A., 2015. Experimental study of low salinity and optimal salinity surfactant injection. SPE EUROPEC, Madrid, Spain, Paper SPE 174367.

Kozaki, C., 2012. Efficiency of low salinity polymer flooding in sandstone cores. Master's Thesis, The University of Texas at Austin, Texas, USA.

Kulkarni, M. M., Rao, D. N., 2005. Experimental investigation of miscible and immiscible water-alternation-gas (WAG) process performance. J. Petrol. Sci. Eng. 48 (1), 1-20.

Langmuir, D., 1997. Aqueous Environmental Geochemistry. Prentice-Hall, Inc, Upper Saddle River, NJ.

Mohammadi, H., Jerauld, G. R., 2012. Mechanistic modeling of the benefit of combining polymer with low salinity water for enhanced oil recovery. SPE Improved Oil Recovery Symposium, Tulsa, Oklahoma, USA, Paper SPE 153161.

Parkhurst, D. L., Appelo, C. A. J., 2013. Description of Input and Examples for PHREEQC Version 3—A Computer Program for Speciation, Batch-Reaction, One-Dimensional Transport, and

Inverse Geochemical Calculations. Chapter 43 of Section A Groundwater, Book 6 Modeling Techniques.

Spildo, K. Johannessen, A. M., Skauge, A., 2012. Low salinity waterflood at reduced capillary. SPE Improved Oil Recovery Symposium, Tulsa, Oklahoma, USA, Paper SPE 154236.

Tavassoli, S., Korrani, A. K. N., Pope, G. A., Sepehrnoori, K., 2015. Low salinity surfactant flooding-a multi-mechanistic enhanced oil recovery method. SPE International Symposium on Oilfield Chemistry, The Woodlands, Texas, USA, Paper SPE 173801.

Teklu, T. W., Alameri, W., Graves, R. M., Kazemi, H., AlSumaiti, A. M., 2014. Lowsalinity water-alternating-CO_2 flooding enhanced oil recovery: Theory and Experiments. Abu Dhabi International Petroleum Exhibition and Conference, Abu Dhabi, UAE, Paper SPE 171767.

UTCHEM-9.0 Technical Documentation, 2000. The University of Texas at Austin, Volume II, Texas, USA.

UTCOMP-3.8 Technical Documentation, 2003. The University of Texas at Austin, Texas, USA.

Vermolen, E. C. M., Pingo-Almada, M., Wassing, B. M., Ligthelm, D. J., Masalmeh, S. K., 2014. Low-salinity polymer flooding: Improving polymer flooding technical feasibility and economics by using low-salinity make-up brine. SPE International Petroleum Technology conference, Doha, Qatar, Paper SPE 17342.

Walsh, M. P., Lake, L. W., 1988. Applying fractional flow theory to solvent flooding and chase fluids. J. Petrol. Sci. Eng. 2, 281-303.

8 LSWI/EWI 对砂岩和碳酸盐岩的影响比较

本章强调了低矿化度/工程注水技术在碳酸盐岩和砂岩适用性方面的主要差异。几乎所有产出的砂岩中都含有黏土，而黏土可作为单个砂粒或与砂粒混合的离散颗粒的覆盖层。碳酸盐岩中也可能含有黏土，但这些黏土通常包裹在岩石基质中，侵入流体不会对其造成较大影响。黏土含量在1%~5%的砂子称为净砂，而脏砂一般是指黏土含量在5%~20%以上的砂。砂岩中黏土的类型通常有蒙皂石、伊利石、混层黏土（主要是伊利石—蒙皂石）、高岭石和绿泥石（Alotaibi 和 Nasr el-Din，2009）。

低矿化度/工程注水打破了岩石—原油—地层盐水之间原本建立的热力学平衡，使不同相之间出现新的平衡，从而导致生产过程中润湿性朝有利的方向变化并提高原油采收率。在润湿性变化的过程中，活化能对矿物表面与注入水之间的化学反应的速率起着重要的控制作用。如果反应速率太慢，那么注水期间岩石润湿性不会改变，而原油采收率也不会提高。储层温度对提高化学反应速率具有催化作用，正如 Puntervold（2007）所述——这是因为活化能与温度之间存在着很强的关联性。

润湿性发生变化所需的活化能取决于极性油组分与矿物表面的结合强度以及注入水中离子的活性。正如 Thomas 等（1993）所述，一般而言，负极性原油组分与碳酸盐之间的结合能（键能）比黏土与硅酸盐（砂岩）之间的结合能要高。Doust 等（2009）指出，负极性原油组分（羧基物质）与带正电的碳酸盐岩和带负电的砂岩之间的化学键存在差异，这导致两种岩石的润湿性改变机理存在差异。因此，在高温下增强电位决定离子（Ca^{2+}、Mg^{2+} 和 SO_4^{2-}）的表面活性可以去除碳酸盐岩中有机质。有机质的吸附对于低矿化度/工程注水在砂岩中的应用至关重要，然而这些有机质在高温下的解吸却有助于低矿化度/工程注水在碳酸盐岩上发挥更显著的作用。

在碳酸盐岩中，海水可令岩石的润湿性发生变化，但在砂岩中，（要使其润湿性改变）则需要注入低矿化度的水（<5000mg/L）。正如 Lager 等（2006）所述，与白垩岩的情况相反的是，很难找到一个可靠的化学反应模型来阐明矿化度降低时砂岩中的多离子交换（MIE）机理；砂岩中存在一种吸附离子从黏土表面进入到水相中的净解吸现象。Doust 等（2009）指出，由于有机物质的强烈结合，盐溶效应在碳酸盐岩中不起作用；而有机质与黏土表面的结合较弱，故盐溶效应在砂岩中是有效的。

在 pH 值较低时，原油带正电荷；随着 pH 值的增加，原油电荷逐渐降为 0 即等电点（零电点，PZC），当 pH 值较高时，原油则会带有较多的负电荷（Takamura 和 Chow，1985）。当 pH 值高于 2 时，砂岩带负电（Menezes 等，1989）。石灰岩的零电点约为 9.2，而白云岩的零电点约为 7.4（Gupta 和 Mohanty，2010）。方解石和白云石的零电点取决于 pH 值和溶液的组成，其中方解石零电点的范围为 7~12，而白云石的零电点则在 6~8.8（Pokrovsky 等，2002）。Lichaa 等（1992）报道，沙特阿拉伯两处碳酸盐岩的零电点分别为 4.6

和 3.4；他们在去离子水中进行岩心试验，这些岩心由 40% 的方解石和 60% 的白云石组成（图 8.1）。白云石的零电点比石灰石要低（Alotaibi 等，2011）。

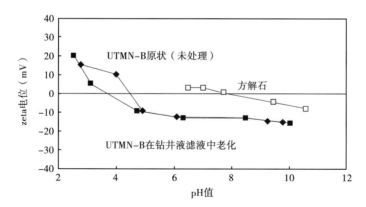

图 8.1 在去离子水中测试的两种碳酸盐岩和方解石的 zeta 电位随 pH 值的变化（据 Lichaa 等，1992）

水膜的稳定性取决于双电层的斥力，而双电层斥力是由固体—水界面和水—油界面的表面电荷引起的。如果两个界面的带电性相似，则会产生一个静电斥力而维持较高的分离压力，并形成一层厚的水膜，从而导致岩石表面呈水湿性（Dubey 和 Doe，1993）。Lee 等（2010）使用复杂的物理化学技术（如小角度散射技术）测量了水膜的厚度。他们指出，降低水的矿化度（离子强度）会导致水膜厚度增加，从而使砂粒和黏土类颗粒的水湿性增强。此外，与原生盐水相比，当注入盐水中二价阳离子的浓度变低时低矿化度提高原油采收率的作用更明显。

Ayirala 和 Yousef（2014）强调了水化学在不同提高采收率（IOR/EOR）工艺中的重要性，包括海上水驱工艺。此外，他们将"智能水"定义为一种特殊类型的由不同离子、不同成分组成的水的混合物。他们认为，降低非活性盐的浓度（Na^+ 和 Cl^-）是有必要的，因为它们会阻止活性电位决定离子到达岩石表面。此外，他们还建议使用离子强度较低、二价阳离子数量较少（<500mg/L）、矿化度低于 5000mg/L 的低矿化度水，以避免发生黏土膨胀，从而提高砂岩的原油采收率。另一方面，他们推荐使用低至中等矿化度的稀释海水（稀释 2~10 倍/28000~6000mg/L）或改性海水来提高碳酸盐岩中低矿化度注水的原油采收率，改性海水几乎不含一价离子但富含二价的电位决定离子。

一般而言，与碳酸盐岩相比，在砂岩中应用低矿化度/工程注水技术导致岩石润湿性发生改变的机理更为复杂，这是由于其涉及的各种机理的贡献各异，这些机理包括微粒运移、pH 值升高、多离子交换以及盐溶效应（Tang 和 Morrow，1999；McGuire 等，2005；Lager 等，2006；Doust 等，2009）。

表 8.1 给出了碳酸盐岩和砂岩中应用 LSWI/EWI 在提高采收率方面的对比情况。该表总结了针对碳酸盐岩和砂岩所进行的主要的 LSWI/EWI 岩心驱替实验。该表还列出了几个笔者认为会对采收率的提高产生影响的参数。这些参数为岩石类型、温度、压力、注入水和地层水的矿化度、原油黏度、原油的总酸值以及注入方式。如前所述，即使从矿物学层面上讲，岩石类型也十分重要。另外，值得一提的是，与露头岩心相比，低矿化度水对油田岩心的影响更为显著。对于温度和压力条件而言，两种岩石在油藏条件下（而不是环境条件下）的低矿化度注水采收率的增幅均更高。因此，为了获得更具代表性的结果，可取的做法是在储

层条件下进行岩心驱油实验。注入盐水矿化度和地层盐水矿化度之间的差异越大，砂岩和碳酸盐岩原油采收率的增幅也就越高。应当重点明确的是，将海水进行稀释是砂岩中低矿化度注水（LSWI）的常见做法；然而，对注入水的矿化度进行调整则是碳酸盐岩中工程注水的常见做法。对于原油性质而言，原油的黏度较低、总酸值较高时，砂岩和碳酸盐岩的采收率增幅均较高。就注入阶段（注入方式）而言，这两种类型的岩石表现出一致性，因为与三次采油相比，在二次采油阶段应用低矿化度注水时二者的采收率增幅更大。这可能与双电层膨胀引起的润湿性改变有关，因为当存在连续油膜（而不是存在不连续的油滴）时双电层的作用更佳，但在三次采油阶段应用低矿化度注水时会形成不连续的油滴。

表 8.1 碳酸盐岩和砂岩中主要的 LSWI/EWI 岩心驱替实验（据 Al-Shalabi 和 Sepehrnoori，2016）

	岩心驱替研究	岩石类型	温度（℃）	压力（psi）	注入水矿化度（mg/L）	地层水矿化度（mg/L）	油的黏度（mPa·s）	原油总酸值[mg(KOH)/g(油)]	注入模式	采收率增幅（%）
砂岩中的 LSWI/EWI	Reiter(1961)	砂岩	15.56	14.70	3100	12100	37.0@25.56℃	—	二次	21.3
	Bernard(1967)	合成砂和 Berea 砂岩	15.56	14.70	10000~1000NaCl	150000NaCl	—	—	三次	2.63~6.98
	Al-Mumen(1990)	Berea 砂岩	90	1500	5500~200000NaCl	200000NaCl	2.48@SC	—	二次	8~10
	Zhang 等(2007)	砂岩	75	250	1480SW 1500NaCl	29690FW	20.1@RC	1.46	二次 三次	29.2 7~14
	Patil 等(2008)	砂岩	93	300	5500~50SW	22000SW	—	—	二次	14~28
	Webb 等(2009)	砂岩	—	—	1500SW	250000FW	—	—	二次 三次	14 8~9
	Agbalaka 等(2009)	Berea 砂岩	80	1500	10000NaCl	40000NaCl	8.24@SC	—	二次 三次	5~6 25~35
	Rivet 等(2010)	Berea 和油田砂岩	55	14.70	870~1140SW	30510SW	7.93@RC	—	二次 三次	15 0
	Gamage 和 Thyne(2011)	Berea 和油田砂岩	—	—	1%FW	FW	8.0~11.50@SC	0.074	二次 三次	10~22 2~6
	Fjelde 等(2012)	砂岩	80	72.19	1054.96~105.49SW	105496FW	1.5@RC	—	二次 三次	9 3
	Suijkerbuijk 等(2014)	砂岩	87	14.70	—	FW	2.95@RC	>0.01	二次 三次	6 5
碳酸盐岩中的 LSWI/EWI	Bagci 等(2001)	疏松的石灰石	50	145	10000~40000NaCl 20000KCl	—	46.5@RC	—	二次	14 18.4
	Yousef 等(2011)	碳酸盐岩	100	3000	28835~576.7SW	213000FW	1.26@RC	0.25	三次	18

续表

岩心驱替研究		岩石类型	温度（℃）	压力（psi）	注入水矿化度（mg/L）	地层水矿化度（mg/L）	油的黏度（mPa·s）	原油总酸值[mg(KOH)/g(油)]	注入模式	采收率增幅（%）
碳酸盐岩中的LSWI/EWI	Gupta 等（2011）	白云岩和石灰岩	121.11	4000	33484SW 4×SO_4^{2-} 33375SW 29970SW BO_3^{3-} 29970SW PO_4^{3-}	181273FW	1.13@RC	0.11	三次	5~9 7~9 15 20
	Zahid 等（2012）	碳酸盐岩白垩露头	90	72.52	28835~2883SW	213734FW	3.21@RC	0.96	三次	15~200
	Chandrasekhar 和 Mohanty（2013）	石灰岩	120	50	2181~872SW	179700FW	1@RC	2.45	二次 三次	40 32
	Al-Attar 等（2013）	碳酸盐岩	25	100	1000~5000SW	197584-24987FW	3.08@SC	—	二次	21.5
	Awolayo 等（2014）	碳酸盐岩	110	3000	43000SW 0.5~8×SO_4^{2-}	261210FW	1.927@70℃	—	三次	10
	Alameri 等（2015）	碳酸盐岩	90.56	1800	25679~1027SW	100000FW	3.0@RC	—	三次	5~7

注：SC：标准温度（60℉）和压力（1atm）；RC：油藏温度和压力；SW：海水；FW：地层水。

表 8.1 表明，上述趋势也总有例外情况。因此，（归根结底）最重要的是，在砂岩和碳酸盐岩中应用 LSWI/EWI 对于原油采收率的提高取决于具体情况，因为上述所有参数都很重要，应当对所有参数均进行优化，以提高采收率。第 9 章介绍了基于大量文献调研和笔者经验得出的主要结论以及建议。

参 考 文 献

Agbalaka, C. C., Dandekar, A. Y., Patil, S. L., Khataniar, S., Hemsath, J. R., 2009. Core-flooding studies to evaluate the impact of salinity and wettability on oil recovery efficiency. Transport Porous Med. 76（1），77-94.

Alameri, W., Teklu, T. W., Graves, R. M., Kazemi, H., AlSumaiti, A. M., 2015. Experimental and numerical modeling of low-salinity waterflood in a low permeability carbonate reservoir. SPE Western Regional Meeting, Garden Grove, California, USA, Paper SPE 174001.

Al-Attar, H. H., Mahmoud, M. Y., Zekri, A. Y., Almehaideb, R. A., Ghannam, M. T., 2013. Low salinity flooding in a selected carbonate reservoir：Experimental Approach. EAGE Annual Conference & Exhibition, London, United Kingdom, Paper SPE 164788.

Al-Mumen, A. A., 1990. The effect of injected water salinity on oil recovery. Master's Thesis, King Fahad University of Petroleum and Minerals, Dhahran, Saudi Arabia.

Al-Shalabi, E. W., Sepehrnoori, K., 2016. A comprehensive review of low salinity/engineered water injections and their applications in sandstone and carbonate rocks. J. Petroleum Sci. Eng. 139 (2016), 137–161.

Alotaibi, M. B., Nasr-El-Din, H. A., 2009. Chemistry of injection water and its impact on oil recovery in carbonate and clastic formations. SPE International Symposium on Oilfield Chemistry, The Woodlands, Texas, USA, Paper SPE 121565.

Alotaibi, M. B., Nasr-El-Din, H. A., Fletcher, J. J., 2011. Electrokinetics of limestone and dolomite rock particles. SPE Reserv. Eval. Eng. Paper SPE 148701. 14 (5), 594–603.

Awolayo, A., Sarma, H., AlSumaiti, A. M., 2014. A laboratory study of ionic effect of smart water for enhancing oil recovery in carbonate reservoirs. SPE EOR Conference at Oil and Gas West Asia, Muscat, Oman, Paper SPE 169662.

Ayirala, S. C., Yousef, A. A., 2014. Injection water chemistry requirement guidelines for IRO/EOR. SPE Improved Oil Recovery Symposium, Tulsa, USA, Paper SPE 169048.

Bagci, S., Kok, M. V., Turksoy, U., 2001. Effect of brine composition on oil recovery by waterflooding. J. Petrol. Sci. Technol. 19 (3-4), 359–372.

Bernard, G. G., 1967. Effect of floodwater salinity on recovery of oil from cores containing clays. SPE California Regional Meeting, Los Angeles, California, USA, Paper SPE 1725.

Chandrasekhar, S., Mohanty, K. K., 2013. Wettability alteration with brine composition in high temperature carbonate reservoirs. SPE Annual Technical Conference and Exhibition, New Orleans, Louisiana, USA, Paper SPE 166280.

Doust, A. R., Puntervold, T. P., Strand, S., Austad, T. A., 2009. Smart water as wettability modifier in carbonate and sandstone. 15th European Symposium on Improved Oil Recovery, Paris, France.

Dubey, S. T., Doe, P. H., 1993. Base number and wetting properties of crude oils. SPE Reservoir Eng. 8 (3), 195–200.

Fjelde, I., Asen, S. M., Omekeh, A., 2012. Low salinity water flooding experiments and interpretation by simulations. SPE Improved Oil Recovery Symposium, Tulsa, Oklahoma, USA, Paper SPE 154142.

Gamage, P., Thyne, G., 2011. Comparison of oil recovery by low salinity waterflooding in secondary and tertiary recovery modes. SPE Annual Technical Conference and Exhibition, Denver, Colorado, USA, Paper SPE 147375.

Gupta, R., Mohanty, K. K., 2010. Wettability alteration mechanism for oil recovery from fractured carbonate rocks. Transport Porous Med. 87 (2), 635–652.

Gupta, R., Smith, G. G., Hu, L., Willingham, T., Cascio, M. L., Shyeh, J. J., et al., 2011. Enhanced waterflood for middle east carbonates cores – Impact of injection water composition. SPE Middle East Oil and Gas Show and Conference, Manama, Bahrain, Paper SPE 142668.

Lager, A., Webb, K. J., Black, C. J. J., Singleton, M., Sorbie, K. S., 2006. Low salinity oil recovery- An experimental investigation. Proceedings of International Symposium of the Society of Core Analysts, Norway.

Lee, S. Y., Webb, K. J., Collins, I. R., Lager, A., Clarke, S. M., O'Sullivan, M., et al., 2010. Low salinity oil recovery – increasing understanding of the underlying mechanisms. SPE

Symposium on Improved Oil Recovery, Tulsa, Oklahoma, USA, Paper SPE 129722.

Lichaa, P. M., Alpustun, H., Abdul, J. H., Nofal, W. A., Fuseni, A. B., 1992. Wettability evaluation of a carbonate reservoir rock. Advances in core evaluation III reservoir management, European Core Analysis Symposium, Paris, France, p. 327.

McGuire, P. L., Chatham, J. R., Paskvan, F. K., Sommer, D. M., Carini, F. H., 2005. Low salinity oil recovery: An Exciting New EOR Opportunity for Alaska's North Slope. SPE Western Regional Meeting, Irvine, California, USA, Paper SPE 93903.

Menezes, J. L., Yan, J., Sharma, M. M., 1989. The mechanism of wettability alteration due to surfactants in oil-based muds. SPE International Symposium on Oilfield Chemistry, Houston, Texas, USA, Paper SPE 18460.

Patil, S., Dandekar, A. Y., Patil, S. L., Khataniar, S., 2008. Low salinity brine injection for EOR on Alaska North Slope (ANS). International Petroleum Technology Conference, Kuala Lumpur, Malaysia, Paper SPE 12004.

Pokrovsky, O. S., Schott, J., Mielczarski, J. A., 2002. Surface speciation of dolomite and calcite in aqueous solutions, Encyclopedia of Surface and Colloid Science, 4. Marcel Dekker, New York, pp. 5081-5095.

Puntervold, T., Strand, S., Austad, T., 2007. Waterflooding of carbonate reservoirs: Effects of a Model Base and Natural Crude Oil Bases on Chalk Wettability. Energ. Fuel 21 (3), 1606-1616.

Reiter, Pl. K., 1961. A water-sensitive sandstone flood using low salinity water. Master's Thesis, University of Oklahoma, USA.

Rivet, S., Lake, L. W., and Pope, G. A., 2010. A coreflood investigation of low salinity enhanced oil recovery. SPE Annual Technical Conference and Exhibition, Florence, Italy, Paper SPE 134297.

Suijkerbuijk, B. M. J. M., Sorop, T. G., Parker, A. R., Masalmeh, S. K., Chmuzh, I. V., Karpan, V. M., et al., 2014. Low salinity waterflooding at West Salym: Laboratory Experiments and Field Forecasts. SPE EOR Conference at Oil and Gas West Asia, Muscat, Oman, Paper SPE 169691.

Takamura, K., Chow, R. S., 1985. The electric properties of the bitumen/water interface Part II. Application of the ionizable surface group model. Colloid. Surface 15 (1), 35-48.

Tang, G. Q., Morrow, N. R., 1999. Influence of brine composition and fines migration on crude oil/brine/rock interactions and oil recovery. J. Petrol. Sci. Eng. 24 (2-4), 99-111.

Thomas, M. M., Clouse, J. A., Longo, J. M., 1993. Adsorption of organic compounds on carbonate minerals. Chem. Geol. 109 (1-4), 227-237.

Webb, K. J., Black, C. J. J., Edmonds, I. J., 2005. Low Salinity Oil Recovery- The role of reservoir condition core floods. 13th European Symposium on Improved Oil Recovery, Budapest, Hungary.

Yousef, A. A., Al-Saleh, S., Al-Kaabi, A., Al-Jawfi, M., 2011. Laboratory investigation of the impact of injection-water salinity and ionic content on oil recovery from carbonate reservoirs. SPE Reserv. Eval. Eng. 14 (5), 578-593.

Zahid, A., Shapiro, A., Skauge, A., 2012. Experimental studies of low salinity water flooding in carbonate reservoirs: A New Promising Approach. SPE EOR Conference at Oil and Gas West Asia, Muscat, Oman, Paper SPE 155625.

Zhang, Y., Xie, X., Morrow, N. R., 2007. Waterflood performance by injection of brine with different salinity for reservoir cores. SPE Annual Technical Conference and Exhibition, Anaheim, California, USA, Paper SPE 109849.

9 结 束 语

本书是一本关于砂岩和碳酸盐中低矿化度/工程注水的最先进的综合论著。本书深入讨论了低矿化度/工程注水的不同方面,包括机理研究、实验室研究、现场研究、建模工作以及其他应用。以下是根据大量文献综述和笔者经验提出的建议和结论:

(1) 润湿性的改变仍被认为是低矿化度/工程注水影响原油采收率(尤其是碳酸盐岩的采收率)的原因。

(2) 与水相相比,油相的相对渗透率参数对低矿化度注水更为敏感。

(3) 由于不动水膜厚度的增加,双电层(EDL)的膨胀可能导致水相相对渗透率曲线发生微小变化,但这种变化是可以忽略的;因此,认为相对渗透率曲线保持不变。

(4) 为了获得更具代表性的结果,建议在油藏温度和压力条件下使用真实的储层岩心和储层流体进行实验。

(5) 在实验室中,为了凸显低矿化度/工程注水对原油采收率有一定程度的提高,通常使用几倍孔隙体积的注入水,所以需要谨慎地将实验结果扩展至油田现场。然而,这也可能对现场规模的应用产生误导作用。

(6) 实验、现场和数值计算研究表明,低矿化度/工程注水能够提高微观驱替效率和体积波及效率。

(7) 低矿化度/工程注水技术与表面活性剂驱、聚合物驱和 CO_2 驱的结合具有很大的潜力。

(8) 预计低矿化度/工程注水的复合效应在现场尺度上会更加明显,特别是在窜流和重力超覆的情况下,这时低矿化度水能接触到未波及区或绕流区。

(9) 低矿化度/工程注水技术的地球化学建模对于更好地理解岩石—原油—盐水系统中的复杂反应是至关重要的。

(10) 在对低矿化度/工程注水进行建模时,建议着重考虑原油组成的影响,尤其是在原位生成表面活性剂的情况下,这时原油的酸值就显得重要了。

(11) 在砂岩和碳酸盐岩中应用低矿化度/工程注水对于原油采收率的提高取决于温度、压力、岩石矿物学、原油类型、岩石的初始润湿状态以及注入水的组成,因此结果可能因具体情况而异。

今后关于低矿化度/工程注水领域的研究工作将围绕实验研究、数值研究和现场研究等方面开展。要理解低矿化度/工程注水提高原油采收率的机理,还必须开展更多的研究工作。后者对于优化低矿化度水的配方以及建立可靠的可在油田尺度下预测采收率的机理模型具有重要意义。可在纳米尺度上应用更复杂的技术,并使用可靠的模拟器将其与微观和宏观尺度结合起来,以实现良好的决策。此外,在目前的石油市场环境下,必须在实验室和现场尺度下研究关于筛选和实施低矿化度/工程注水方案的成本更低、耗时更省的技术。另外,还必须研究低矿化度/工程注水与其他提高采收率技术相结合的协同效应以增强低矿化度水的作用效果,特别是在实验研究需要相当大的孔隙体积的情况下。